BRUNCH
早午餐

薩巴蒂娜 主編

卷首語

寵愛自己，享用一頓慵懶早午餐

早午餐，是早餐的一半，也是午餐的一半。吃的時間，比早餐晚一點，又比午餐早一點。

每到週末，想放縱自己一把，睡一個暢快的懶覺。10 點左右，剛剛醒來，其實略略有點餓了，但是味蕾又還沒全部打開。

陽光很足，曬在臉上，溫暖又鮮活。生活在這一刻是美好的，平日那樣嚴格自律，早睡早起，披荊斬棘，而在這個時分，放下一切鎧甲，吃點好吃的。吃早午餐，最重要的是充分滿足自己那個慵懶的態度。人生很長，偶爾需要充電和放鬆。

這頓飯，要營養豐富，能替代午餐；因為吃完早午餐，下午還有很多事要做。可是也要好消化，讓身體感覺舒服。早午餐，就是這樣一頓需要好好寵愛自己、呵護自己身體的一頓飯。

合二為一，又要彼此兼顧。要簡單好做，當然，好吃也是必需的。

西餐是一個很好的選擇，但是中餐當中也有很多料理是適合做早午餐的。廣式的早茶，我認為就是早午餐的一種。

自己一個人吃是可以的，呼朋引伴也是可以的，和自己的愛人一起吃是最好的。

別忘記在餐桌上擺一枝花。若沒有也沒關係，就讓平時種的綠葉子陪伴自己也是很好的。

Enjoy.

高欣茹

薩巴小傳：本名高欣茹。薩巴蒂娜是當時出道寫美食書時用的筆名。曾主編過五十多本暢銷美食圖書，出版過小說《廚子的故事》，美食散文《美味關係》。現任「薩巴廚房」主編。

目　錄

CHAPTER 1 喝口湯羹最舒心

CHAPTER 2 愜意輕主食

CHAPTER 3 輕食助力好身材

CHAPTER 4 美食也要配美飲

初步瞭解全書

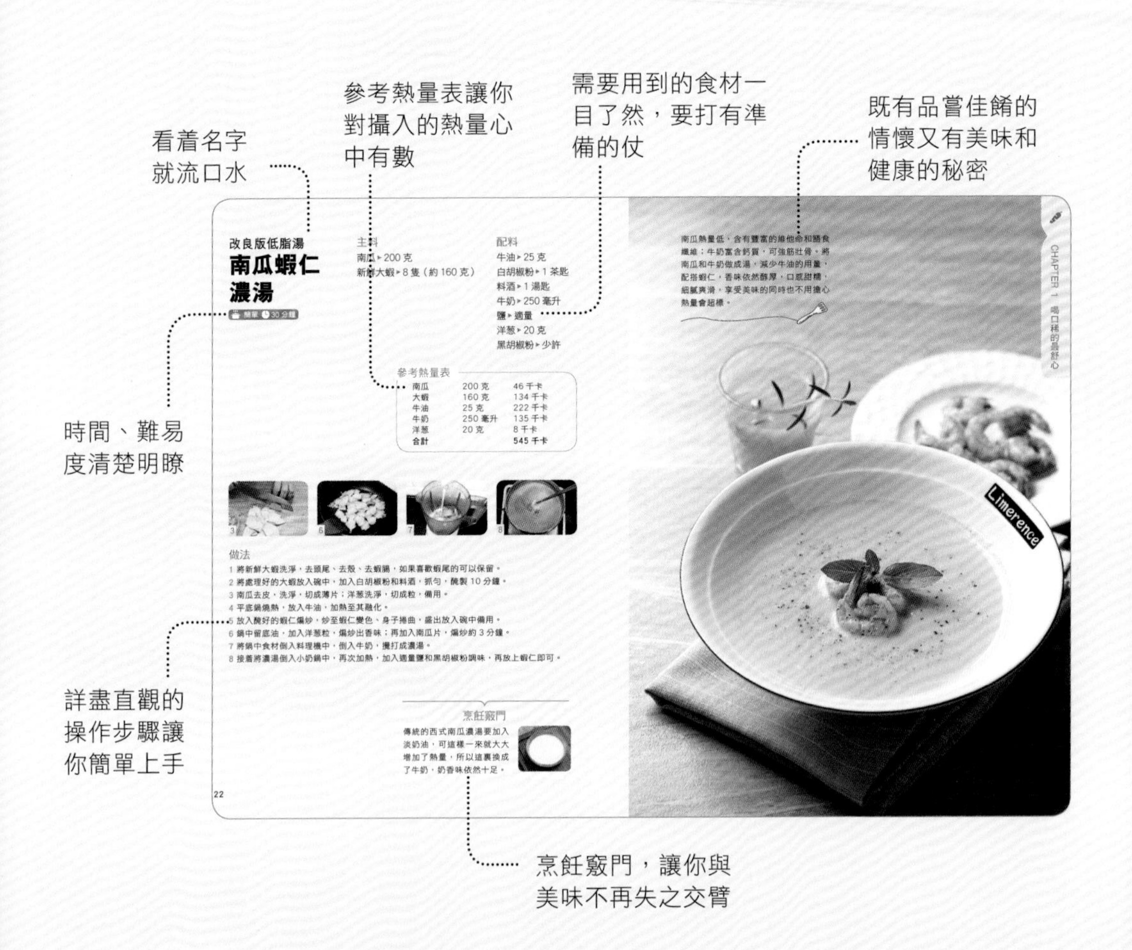

為了確保菜譜的可操作性，本書的每一道菜都經過我們試做、試吃，並且是現場烹飪後直接拍攝的。

本書每道食譜都有步驟圖、烹飪竅門、烹飪難度和烹飪時間的指引，確保您照着圖書一步步操作便可以做出好吃的菜餚。但是具體用量和火候的把握也需要您經驗的累積。

計量單位對照表

1 茶匙固體材料 = 5 克	1 湯匙固體材料 = 15 克
1 茶匙液體材料 = 5 毫升	1 湯匙液體材料 = 15 毫升

早午餐的理念

早午餐的起源

早午餐起源於美國紐約街頭的酒吧。工作日中的快節奏和工作壓力讓人們喘不過氣，所以每到週五晚上，大家便約上三五好友共聚狂歡，週末的清晨再睡個懶覺，起床後享用一頓美味又低卡的 brunch。就這樣，早午餐的概念由此而生。後來漂洋過海，不再僅僅是美國人的專利，而被全世界越來越多的人接受。

早午餐的意義

現如今快捷經濟的選擇往往就是路口便利店或者街邊小攤的各種小食。忙碌的上班族根本沒有時間用心享受一頓餐食，更別説花心思烹飪屬自己的一頓飯了。但在假期這一天，你可以悠然地走進廚房，在製作、享用 brunch 的過程中放慢腳步，舒緩壓力。卸下一週的焦慮和疲憊，享受着和煦的暖陽，一份早午餐，一本書，專心體會食物帶來的滿足，靜靜地與自己對話，是一件人生樂事。不急不躁，放下工作，忘記紛擾，你會發現，原來生活竟是這樣美好。

早午餐應該吃什麼

早午餐的概念越來越深入人心，食物種類的選擇也是大家所關心的。建議烹飪早午餐時不要高熱量，要容易消化，營養也要很全面。一份均衡的早午餐，應該包含主食、富含蛋白質的食物、水果和蔬菜，以及少量的堅果，食材配搭盡可能豐富，哪一部分缺失了都不能算是營養健康。

1 主食

營養成分主要是碳水化合物，可以是麵包、米飯、饅頭，或者是根莖類、生粉含量高的馬鈴薯、南瓜、番薯等。碳水化合物是人體主要的能量來源，能夠維持運動強度，為肌肉、大腦供能，體力勞動和腦力勞動主要消耗的就是它。如果人體得不到充足的碳水化合物供應，會出現肌肉疲乏，嚴重的還會出現低血糖。女性長期不攝入主食，會月經減少甚至絕經。所以為了健康，一定要合理攝入主食。

2 富含蛋白質的食物

蛋白質是人體所需的重要的營養物質，是合成肌肉的主要原材料。蛋白質可分為植物性蛋白質和動物性蛋白質。動物性蛋白質的營養價值要高於植物性蛋白質。在生活中常見的食材中，瘦肉、雞蛋、牛奶、豆漿或者芝士，都含有豐富的蛋白質，用餐時任意選擇一種，吃夠了量，都能保證攝入的蛋白質是充足的。

3 水果和蔬菜

水果蔬菜中含有豐富的維他命和膳食纖維，這類營養物質補充足，有利於保持腸道通暢，幫助人體代謝毒素和垃圾。烹飪時間越短、程序越簡單，果蔬中保留的營養成分就越多。但水果中普遍含有較高的糖份，糖是導致發胖的重要原因，所以要適當控制水果的攝入量。

4 堅果

堅果是植物的精華部分，含有豐富的卵磷脂、不飽和脂肪酸，適量食用有增強記憶力的效果。有權威報告指出，每週食用堅果兩次以上，會降低患心臟病的風險。堅果吃起來又香又脆，但要控制攝入量，否則一不小心也會讓熱量超標。

最合理的飲食結構

每頓餐食中都應該包含穀薯類、魚肉蛋豆類、水果類、蔬菜類和奶製品類。

現在的都市人群都對自身有着很高的追求，都希望自己能擁有曼妙的身材。那就一定要掌握正確的飲食結構，養成良好的飲食習慣。

破壞飲食結構的表現

早餐只吃一點水果，忽略晚餐，為了追求身材不吃主食，或者只食用市面上常見的「代餐」。

破壞飲食結構的危害

長期持續的結果一定會造成營養不良，除了要忍受長時間的饑餓以外，還會出現面黃肌瘦、脫髮、記憶力變差、注意力無法集中、女性雌激素紊亂等症狀，反反覆覆地節食還很容易引發暴食症。

良好的飲食習慣

少油少鹽少糖

儘量少吃油炸、油煎的食物，肥肉不吃，炒菜時儘量少放油，建議最好以蒸、煮、燉為主，這樣的烹飪方法不僅可以保持食材的新鮮和營養，也避免了很多不必要的熱量。

鹽的攝入量每天不宜超過 6 克，大概是 1 茶匙的量。鹽與高血壓的關係密切，而且鹽的攝入過多，還會讓你水腫，看起來「胖」。

少喝加工的飲料、奶茶等；少吃高糖高奶油的點心，這些食物貌似口感很好，但在製作過程中添加了大量的糖份，經常食用會造成身體中糖份和脂肪的超標。

勿吃太飽，少食多餐合理加餐，細嚼慢嚥

觀察身邊的肥胖人群，會發現這類人有一個共性：那就是每頓飯都喜歡吃得很飽。從這種感覺中獲得滿足感。吃太飽會導致熱量攝入超標，長此以往就會不停地囤積脂肪，造成肥胖。

每餐只吃七分飽，三餐之外可以合理地加餐，可以選擇堅果或者含糖量不高的水果。適當加餐可以維持飽腹感，防止正餐時因為過於饑餓而無法控制食量。

吃飯時細嚼慢嚥，也會明顯比狼吞虎嚥攝入更少的熱量。

勤給自己的身體補充水份，小口慢飲

水是我們身體中重要的組成部分，無論是動物還是植物，都需要水來維持生命活動。人們每天至少要飲用 1500 毫升的水。多喝水會幫助身體提高新陳代謝，排除體內毒素，並且滋潤人體各個組織細胞以及皮膚，使皮膚保持濕潤，不乾燥，有彈性。

CHAPTER

1

喝口湯羹最舒心

寧波人就愛這一口

冬菇火腿年糕湯

簡單 20 分鐘

主料

水磨年糕片 ▸ 100 克
娃娃菜 ▸ 50 克
火腿 ▸ 50 克
鮮冬菇 ▸ 5 朵（約 50 克）

配料

香葱 ▸ 1 根
大蒜 ▸ 3 瓣
雞精 ▸ 3 克
鹽 ▸ 2 克
食用油 ▸ 5 毫升
蠔油 ▸ 1 茶匙

參考熱量表

水磨年糕片	100 克	235 千卡
娃娃菜	50 克	6 千卡
火腿	50 克	165 千卡
鮮冬菇	50 克	13 千卡
食用油	5 毫升	45 千卡
合計		**464 千卡**

1

2

3

4

5

6

7

8

做法

1 娃娃菜洗淨、去根，切段，葉子和梗分開。冬菇洗淨、去蒂，切成片。
2 香葱洗淨，切葱花；大蒜去皮後切成蒜片；火腿切成細絲，備用。
3 將水磨年糕片掰散，切成厚片，放入碗中備用。
4 中火加熱炒鍋，放入少許食用油，燒至六成熱時下入葱花，小火煸炒出香味。
5 放入冬菇片小火煸炒，當冬菇片變軟時，加入蠔油進行煸炒。
6 接着加入 800 毫升清水，轉大火燒開。
7 放入年糕片，煮至湯汁再次沸騰後下入娃娃菜梗、蒜片和火腿絲，轉中火煮至年糕片變軟。
8 放入娃娃菜葉，再加入雞精和鹽調味，當看到娃娃菜葉變軟後即可關火。

烹飪竅門

市面上出售的年糕一般有兩種形狀，塊狀的和棒狀的，塊狀的切片，棒狀的可以用斜刀切成小段。年糕入鍋後要多多攪拌，防止黏連在一起。

在寧波，年糕是餐桌上常見的食材，人們喜歡用它炒着吃或者做湯吃，其中鹹口年糕湯很是經典，年糕軟糯，冬菇鮮香，還有降低膽固醇的功效。

暢快淋漓
酸辣湯

簡單 30 分鐘

主料

乾冬菇 ▸ 6 朵（約 10 克）
乾木耳 ▸ 10 克
乾金針 ▸ 10 克
豬柳肉 ▸ 100 克

配料

紅蘿蔔 ▸ 50 克
嫩豆腐 ▸ 100 克
雞蛋 ▸ 1 個（約 50 克）
芫茜 ▸ 2 根
生粉 ▸ 15 克
生抽 ▸ 1 湯匙
蠔油 ▸ 1 茶匙
白糖 ▸ 1 茶匙
白醋 ▸ 20 毫升
白胡椒粉 ▸ 2 茶匙
辣椒紅油 ▸ 2 茶匙
鹽 ▸ 少許

參考熱量表

乾冬菇	10 克	27 千卡
乾木耳	10 克	26 千卡
乾金針	10 克	31 千卡
豬柳肉	100 克	155 千卡
紅蘿蔔	50 克	16 千卡
嫩豆腐	100 克	87 千卡
雞蛋	50 克	72 千卡
生粉	15 克	51 千卡
辣椒紅油	10 毫升	90 千卡
合計		**555 千卡**

1

3

6

8

做法

1 乾冬菇、乾木耳、乾金針分別洗淨，提前 4 小時用涼水泡發。

2 泡發後，冬菇和木耳分別切細絲；乾金針去蒂後切段；取 10 克生粉加入適量清水製成生粉水。

3 豬柳肉洗淨，切細絲，放入碗中，加入 5 克生粉和少許鹽，抓拌均勻，醃製片刻。

4 紅蘿蔔洗淨、去皮，切成細粒；嫩豆腐切成細絲；芫茜洗淨，切成 1 厘米長的小段；雞蛋磕到碗中打成蛋液。

5 起鍋加入適量水，燒到八成熱時下入醃好的豬肉絲，用筷子滑散，煮至肉色發白後用勺子撇去浮沫。

6 接着下入冬菇絲、木耳絲和乾金針，大火煮開。

7 加入生抽、蠔油、白糖，用生粉水勾芡，一邊倒一邊攪拌，待湯汁變濃稠後再倒入嫩豆腐絲。

8 畫圈淋入蛋液，定型後用勺子拌勻；倒入白醋和白胡椒粉，拌勻後關火；再加入芫茜段和紅蘿蔔丁，淋入辣椒紅油，盛到碗中即可。

烹飪竅門

要注意食材的放入順序，豬肉一定要先煮，撇去浮沫，可以讓湯的味道更鮮美，否則做出來的湯會帶有腥味。

清晨起來沒有食慾，那不妨試一下這碗酸辣湯，酸、辣、鹹、香，用料豐富，有蔬菜、有肉，補充了維他命和蛋白質，這一碗喝下去，瞬間喚醒腸胃，別提有多愜意了。

排出毒素一身輕

娃娃菜薯仔粉絲湯

主料

娃娃菜 ▸ 150 克
馬鈴薯 ▸ 200 克
五花肉 ▸ 100 克
綠豆粉絲 ▸ 50 克

配料

乾辣椒段 ▸ 5 克
大蒜 ▸ 4 瓣
食用油 ▸ 5 毫升
白胡椒粉 ▸ 2 茶匙
生抽 ▸ 1 湯匙
蠔油 ▸ 1 茶匙
白糖 ▸ 1 茶匙
雞精 ▸ 3 克
鹽 ▸ 3 克

做法

1 綠豆粉絲放入清水中浸泡；馬鈴薯去皮，洗淨後切成長 3 厘米的粗條；大蒜去皮後切小粒。
2 將五花肉洗淨，切成薄片；娃娃菜去根，洗淨後切成段，備用。
3 起鍋燒熱油，油溫升至七成熱時，下入五花肉片煸炒，炒到肉片出油，肥肉部分略微變透明。
4 接着加入乾辣椒段和蒜粒，小火煸炒出香味。
5 加入馬鈴薯條煸炒，倒入生抽和蠔油，炒到馬鈴薯上色發亮，加入適量清水，用大火燒開後改用中火煮 10 分鐘。
6 馬鈴薯條八成熟時，加入粉絲，大火煮熟；放入娃娃菜，煮至葉片變軟，加入雞精、鹽、白糖和白胡椒粉調味，即可出鍋。

媽媽親手做的那碗娃娃菜粉絲湯，味道雖然算不上驚豔，但卻樸實無華。富含維他命和膳食纖維的小白菜吃起來口感清爽不油膩，熱量也極低，最適合想要保持身材的人了。

參考熱量表

娃娃菜	150 克	20 千卡
馬鈴薯	200 克	162 千卡
綠豆粉絲	50 克	171 卡
五花肉	100 克	395 千卡
食用油	5 毫升	45 千卡
白糖	5 克	20 千卡
蠔油	5 毫升	6 千卡
合計		**819 千卡**

烹飪竅門

馬鈴薯和娃娃菜本身的味道稍微寡淡了一些，所以用五花肉來爆鍋，五花肉富含油脂，香氣濃郁，可以提升這道湯的口感。

極限之鮮
味噌湯

簡單 30 分鐘

主料

乾裙帶菜 ▸ 20 克
嫩豆腐 ▸ 100 克
金針菇 ▸ 50 克
大蝦 ▸ 6 隻（約 120 克）

配料

葱花 ▸ 少許
味噌醬 ▸ 1 湯匙
鹽 ▸ 少許
白胡椒粉 ▸ 1 茶匙
料酒 ▸ 10 毫升

1

2

3

做法

1 將大蝦洗淨，開背去掉蝦腸，去頭尾、去殼，放入碗中備用。
2 碗中加入料酒和白胡椒粉，同蝦肉一起抓勻，醃製 10 分鐘。
3 乾裙帶菜泡發，切成適口大小；金針菇洗淨，切掉根部，撕成細條；嫩豆腐切成邊長 1 厘米的丁，入開水中浸泡備用。
4 鍋中加入適量清水，大火燒開，水開後下入裙帶菜。
5 接着下入醃好的蝦肉煮熟，再放入豆腐丁同煮。
6 最後加入金針菇和味噌醬，輕輕攪拌將醬料化開，加入少許鹽調味，出鍋時撒入葱花即可。

參考熱量表

乾裙帶菜	20 克	44 千卡
嫩豆腐	100 克	87 千卡
金針菇	50 克	16 千卡
大蝦	120 克	101 千卡
味噌醬	15 克	27 千卡
合計		**275 千卡**

味噌湯是日本的「國湯」，只要進了日式餐廳，一定會點的湯就是它。做法非常簡單，利用現成的調味醬，隨心所欲放一些自己喜歡的食材，喝起來清淡爽口，就算在減脂期間也能讓嘴巴大快朵頤。

烹飪竅門

味噌湯的做法十分簡單，材料可以根據自己的喜好和心情來決定，味噌醬可以從網店或者超市中買到。

改良版低脂湯

南瓜蝦仁濃湯

簡單 30 分鐘

主料

南瓜 ▸ 200 克
新鮮大蝦 ▸ 8 隻（約 160 克）

配料

牛油 ▸ 25 克
白胡椒粉 ▸ 1 茶匙
料酒 ▸ 1 湯匙
牛奶 ▸ 250 毫升
鹽 ▸ 適量
洋葱 ▸ 20 克
黑胡椒粉 ▸ 少許

參考熱量表

南瓜	200 克	46 千卡
大蝦	160 克	134 千卡
牛油	25 克	222 千卡
牛奶	250 毫升	135 千卡
洋葱	20 克	8 千卡
合計		**545 千卡**

3

6

7

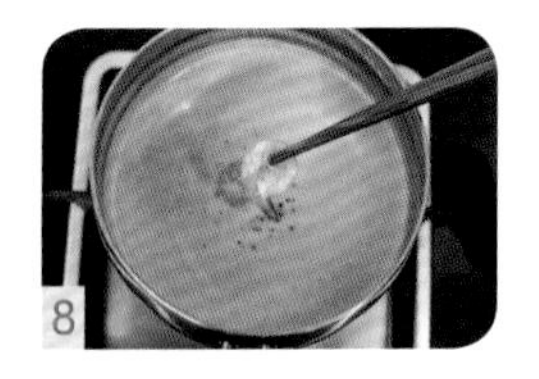
8

做法

1 將新鮮大蝦洗淨，去頭尾、去殼、去蝦腸，如果喜歡蝦尾的可以保留。
2 將處理好的大蝦放入碗中，加入白胡椒粉和料酒，抓勻，醃製 10 分鐘。
3 南瓜去皮，洗淨，切成薄片；洋葱洗淨，切成粒，備用。
4 平底鍋燒熱，放入牛油，加熱至其融化。
5 放入醃好的蝦仁煸炒，炒至蝦仁變色、身子捲曲，盛出放入碗中備用。
6 鍋中留底油，加入洋葱粒，煸炒出香味；再加入南瓜片，煸炒約 3 分鐘。
7 將鍋中食材倒入料理機中，倒入牛奶，攪打成濃湯。
8 接着將濃湯倒入小鍋中，再次加熱，加入適量鹽和黑胡椒粉調味，再放上蝦仁即可。

烹飪竅門

傳統的西式南瓜濃湯要加入淡奶油，可這樣一來就大大增加了熱量，所以這裏換成了牛奶，奶香味依然十足。

南瓜熱量低，含有豐富的維他命和膳食纖維；牛奶富含鈣質，可強筋壯骨。將南瓜和牛奶做成湯，減少牛油的用量，配搭蝦仁，香味依然醇厚，口感甜糯，細膩爽滑，享受美味的同時也不用擔心熱量會超標。

冬季喝它最進補

蘿蔔絲鯽魚湯

簡單 50 分鐘

主料

鯽魚 ▸ 1 條（約 200 克）
白蘿蔔 ▸ 200 克

參考熱量表

鯽魚	200 克	216 千卡
白蘿蔔	200 克	32 千卡
食用油	30 毫升	270 千卡
合計		**518 千卡**

配料

食用油 ▸ 30 毫升
生薑 ▸ 1 小塊
雞精 ▸ 3 克
鹽 ▸ 3 克
大葱 ▸ 20 克
白胡椒粉 ▸ 1 茶匙
生粉 ▸ 2 湯匙
料酒 ▸ 1 湯匙

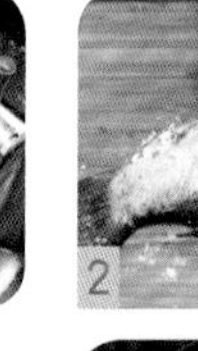

做法

1 將鯽魚去掉魚鱗，剖開魚肚，掏出內臟，剔除魚鰓，清洗乾淨，瀝乾水份。
2 斜着將魚的兩面剞幾個花刀，在魚身上均勻塗抹一層生粉。
3 生薑洗淨，切片；葱洗淨，葱白斜切成 3 厘米的段，葱綠切成葱花；白蘿蔔洗淨，去皮後刨成細絲，放入碗中備用。
4 燒 500 毫升開水備用；起炒鍋倒入油，燒至七成熱，放入鯽魚進行煎煮。
5 一面煎至金黃色時翻另一面，都煎成金黃色後，加入事先燒好的開水。
6 加入料酒、葱白、生薑，煮 5 分鐘後，加入白胡椒粉、鹽和雞精調味。
7 將蘿蔔絲放入湯中，大火煮開後即可出鍋，最後撒上葱花。

烹飪竅門

1. 給鯽魚抹上生粉是為了讓魚在煎煮時保持完整性，不易破皮。
2. 鯽魚煎好後立即加入開水，能讓湯形成更濃厚的奶白色，用中火熬煮湯汁，顏色會更加純白。

「冬吃蘿蔔夏吃薑，不用醫生開藥方」。這是一道老百姓餐桌上最常見的大補湯，鯽魚經過煎煮，小火慢慢煮成奶白色，加上爽脆的蘿蔔絲，天冷時喝上一碗，溫暖人心，別提有多美了。

家鄉的記憶

鴨血粉絲湯

簡單 30 分鐘

主料

綠豆粉絲 ▸ 50 克
鴨血 ▸ 50 克
鴨腸 ▸ 50 克
熟鴨肝 ▸ 50 克
熟鴨胗 ▸ 50 克

配料

豆腐泡 ▸ 20 克
小棠菜 ▸ 10 克
白胡椒粉 ▸ 2 茶匙
料酒 ▸ 1 湯匙
生薑 ▸ 2 片
鹽 ▸ 1 茶匙
醋 ▸ 2 茶匙
蒜末 ▸ 10 克
辣椒紅油 ▸ 1 茶匙
芫茜末 ▸ 適量

參考熱量表

綠豆粉絲	50 克	171 千卡
鴨血	50 克	28 千卡
鴨腸	50 克	64 千卡
熟鴨肝	50 克	64 千卡
熟鴨胗	50 克	49 千卡
豆腐泡	20 克	53 千卡
小棠菜	10 克	1 千卡
辣椒紅油	5 毫升	45 千卡
合計		**475 千卡**

2

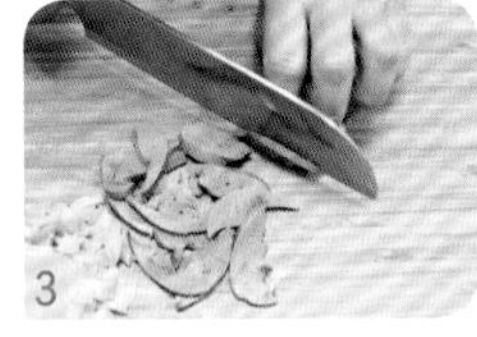
3

5

6

7

8

做法

1 將綠豆粉絲放入冷水中浸泡 15 分鐘；鴨血沖洗淨，切成 4 厘米長的粗條。
2 豆腐泡從中間對半切開，放入碗中，備用。
3 鴨腸洗淨，切成小段；鴨肝沖洗後切成厚 2 毫米的片。
4 小棠菜洗淨，豎切成粗條；鴨胗沖洗後切成厚 2 毫米的片，放入碗中備用。
5 鍋中加入適量清水，加入料酒和生薑片，大火燒開，放入鴨血中火煮製。
6 當看到鴨血變色時，用勺子撇去浮沫，揀出生薑片，接着放入鴨肝、鴨胗和鴨腸煮製。
7 當鍋中水再次燒開時，下入粉絲煮 3 分鐘；接着放入小棠菜和豆腐泡繼續煮 1 分鐘。
8 最後加入白胡椒粉、鹽、醋調味，關火盛入碗中，撒入蒜末、芫茜末，淋入辣椒紅油即可。

烹飪竅門

1. 粉絲在煮之前經過浸泡，可以縮短煮製的時間，煮的時間不要過久，否則會軟爛，影響口感。
2. 鴨肝、鴨胗可以自己滷製，也可以直接選擇市售成品。

在南京，街頭上最常出現的小吃就是那一碗冒着熱氣的鴨血粉絲湯，鴨血軟糯，小棠菜爽脆，湯頭平而不淡，粉絲柔嫩彈滑，這已經成為金陵城的一道名菜。

暖心護腸胃

番茄雞蛋疙瘩湯

中等 25 分鐘

主料

馬鈴薯 ▸ 150 克
番茄 ▸ 2 個（約 430 克）
雞蛋 ▸ 2 個（約 100 克）

配料

白胡椒粉 ▸ 1 茶匙
雞精 ▸ 2 克
麻油 ▸ 1 茶匙
麵粉 ▸ 80 克
鹽 ▸ 3 克
食用油 ▸ 10 毫升
香葱 ▸ 1 根
芫茜 ▸ 1 棵

參考熱量表

馬鈴薯	150 克	122 千卡
番茄	430 克	64 千卡
雞蛋	100 克	144 千卡
麵粉	80 克	293 千卡
麻油	5 毫升	45 千卡
食用油	10 毫升	90 千卡
合計		**758 千卡**

做法

1 在番茄頂端劃開一個十字切口，放進沸水中燙 1 分鐘，再將番茄的皮剝下來。
2 去皮的番茄去蒂，切成比較薄的小塊；香葱、芫茜洗淨，分別切成粒。
3 將馬鈴薯去皮、洗淨，切成邊長 1 厘米的方丁，備用。
4 起鍋燒熱水，水開後下入馬鈴薯丁，煮至六成熟，撈出瀝乾，略微晾涼。
5 將煮熟的馬鈴薯丁放入盆中，撒入麵粉，輕微晃動，讓麵粉均勻包裹在馬鈴薯丁上。
6 中火加熱炒鍋，鍋中放油，油熱後下入葱粒爆香，下入番茄翻炒，炒至番茄軟爛。
7 加入雞精，炒勻，加入 800 毫升清水，轉大火煮開，水沸騰後倒入馬鈴薯疙瘩，邊倒邊用湯匙攪拌。
8 大火再次燒開，轉小火，轉圈淋入打散的雞蛋液，先不要攪拌，雞蛋基本凝固後，加入白胡椒粉、鹽和麻油調味，撒入芫茜拌勻即可。

烹飪竅門

1. 因為馬鈴薯丁要煮兩次，所以第一次不需要煮太熟，夾起來嘗一口，有點微微發硬的感覺。

2. 撈出來的馬鈴薯一定要瀝乾，這樣麵粉才能均勻地包裹在上面。

沒有食慾的時候，最容易想念那一碗舒心的疙瘩湯。做起來並不複雜，還可以另闢蹊徑，將傳統的面疙瘩用馬鈴薯代替，既能減少熱量的攝入，又能更好地保護胃黏膜。

甜蜜的味道

椰汁紅豆芋圓湯

中等 60 分鐘

主料

紫薯 ▸ 250 克
南瓜 ▸ 250 克
荔浦芋頭 ▸ 250 克
木薯粉 ▸ 375 克

配料

煉奶 ▸ 1 茶匙
椰汁 ▸ 400 毫升
蜜豆 ▸ 50 克
乾麵粉 ▸ 適量

參考熱量表

紫薯	250 克	265 千卡
南瓜	250 克	58 千卡
荔浦芋頭	250 克	140 千卡
木薯粉	375 克	1346 千卡
煉奶	5 克	19 千卡
椰汁	400 毫升	200 千卡
蜜豆	50 克	135 千卡
合計		**2163 千卡**

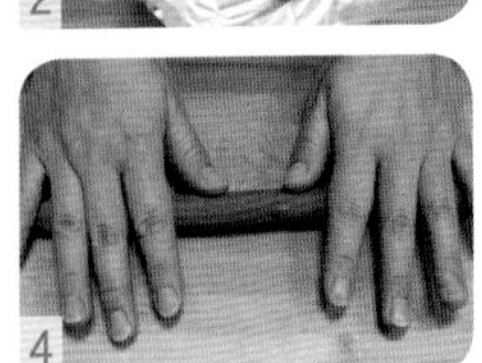

做法

1 分別將南瓜、紫薯、荔浦芋頭去皮，清水沖洗乾淨後切成小方塊。
2 蒸鍋中加入適量水，南瓜、紫薯和荔浦芋頭分別用錫紙包起，放進蒸鍋中大火蒸 20 分鐘。這樣做是為了防止串色。
3 取出蒸熟的南瓜、紫薯和荔浦芋頭，分別放入盆中晾涼，借助匙子背搗成泥，在每一盆中分別逐次加入 125 克的木薯粉。
4 分別揉成光滑的麵糰，放置 10 分鐘，然後用手將這三種麵糰分別搓成和大拇指差不多粗的長條。
5 將搓好的長條放置在撒了乾麵粉的麵板上，切成適口的大小，然後讓每一塊芋圓表層都裹上薄薄的麵粉，即成生芋圓。
6 起鍋燒適量清水，水開後下入生芋圓煮製。
7 待芋圓在水中浮起後再煮 3~5 分鐘，撈出，放進涼開水中沖一下，然後再撈出，放入大碗中。
8 碗中倒入椰汁，加入煉奶和蜜豆，食用時攪拌均勻即可。

烹飪竅門

1. 南瓜水份多，蒸熟搗爛後最好用不黏鍋炒乾一點，這樣就不至於加的木薯粉過多而導致芋圓的口感過硬。
2. 紫薯和芋頭蒸出來會比較乾，需要邊放木薯粉邊緩緩加入一些水，才能揉成麵糰。
3. 木薯粉要分次一點點加入，先借助筷子將其拌勻，待麵糰稍微硬一點後再用手揉。
4. 芋圓煮好後用涼開水沖一遍，可以讓其口感更有彈性。
5. 做好的芋圓裝進保鮮袋，放冰箱中冷凍，可以保存一個月，食用時不需要解凍就可以直接煮，配搭自己喜歡的水果或者堅果，非常方便。

芋圓是一道非常著名的南方小吃，口感彈牙爽滑，富含膳食纖維，吃法也非常多變，可以任意配搭自己喜歡的配料。

清新易消化

菠菜多士濃湯

中等　60 分鐘

主料

菠菜 ▸ 100 克
多士 ▸ 1 片（約 60 克）
白洋葱 ▸ 70 克

配料

牛油 ▸ 50 克
淡奶油 ▸ 50 毫升
牛奶 ▸ 100 毫升
濃湯湯料 ▸ 1 份（約 20 克）
麵粉 ▸ 50 克
香葱 ▸ 1 棵
大蒜 ▸ 2 瓣
鹽 ▸ 適量
黑胡椒碎 ▸ 少許

參考熱量表

食材	份量	熱量
菠菜	100 克	28 千卡
多士	60 克	167 千卡
白洋葱	70 克	28 千卡
牛油	50 克	444 千卡
淡奶油	50 毫升	175 千卡
牛奶	100 毫升	54 千卡
麵粉	50 克	183 千卡
濃湯湯料	20 克	43 千卡
合計		**1122 千卡**

2

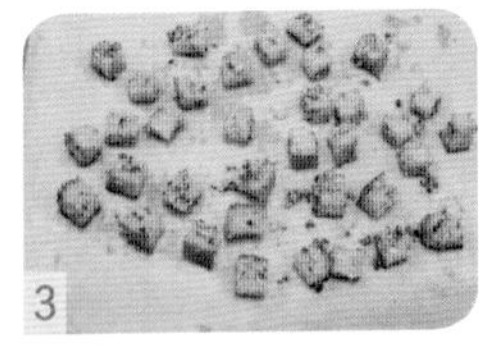

3

4

5

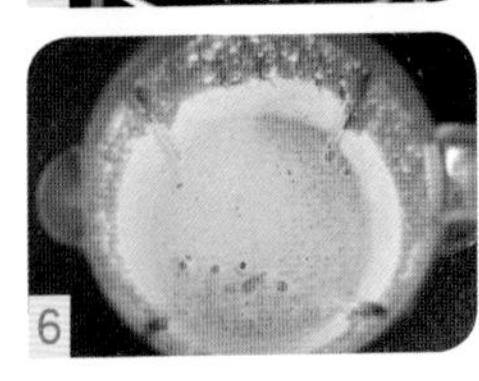

6

8

做法

1 將菠菜掰掉根部，洗淨，切長段；洋葱洗淨，切成丁，備用。
2 香葱的葱綠部分和去皮的大蒜一起剁成末，加入 20 克軟化牛油和少許鹽，製成蒜蓉牛油。
3 蒜蓉牛油塗滿多士片兩面，多士片切丁，放入預熱 150℃的焗爐，焗到酥脆，取出待用。
4 中火加熱不黏鍋，放入 30 克牛油炒化，再放入洋葱丁炒香。
5 放入麵粉，將麵粉炒到變黃。一點點加入溫牛奶，防止結塊，加入濃湯料，倒入 200 毫升熱水，中火煮沸。
6 放入菠菜段，煮至再次沸騰，沸騰後繼續煮 15 分鐘。將菠菜和湯一起倒入攪拌器，攪打成糊狀。
7 打碎的湯倒回鍋中，加入淡奶油，加熱到即將沸騰時關火，攪拌均勻，加鹽調味。
8 將菠菜奶油湯盛入碗中，撒上黑胡椒碎，擺上多士丁即可。

烹飪竅門

煮湯時加水的量可以根據個人喜好進行調節，喜歡濃湯的就少放水。焗多士丁加了蒜蓉牛油，便有了蒜香；如果不加蒜和牛油，只用牛油焗出來的多士丁也一樣會很香脆。

菠菜含有豐富的鐵元素，是非常好的補血蔬菜，將它做成濃湯，配搭焗得香脆的蒜蓉多士，喝一口湯，再吃一塊吐司，菠菜的清新和多士的蒜蓉香碰撞在一起，給味蕾帶來了絕妙的體驗。

益智健腦好選擇

堅果芝麻糊

簡單 30 分鐘

主料

黑芝麻 ▸ 40 克
糙米 ▸ 100 克
核桃仁 ▸ 50 克
腰果仁 ▸ 5 個（約 20 克）

配料

綿白糖 ▸ 適量

參考熱量表

黑芝麻	40 克	224 千卡
糙米	100 克	348 千卡
核桃仁	50 克	323 千卡
腰果仁	20 克	118 千卡
合計		**1013 千卡**

1

2

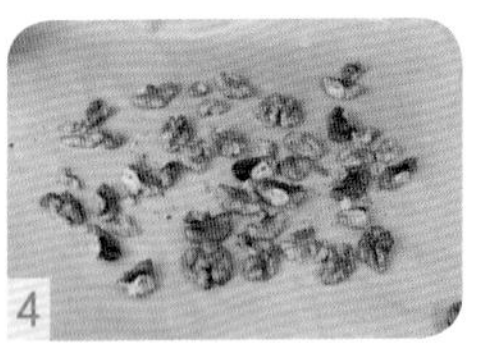

4

6

7

做法

1 糙米表皮較硬，要提前一天洗淨，在水中浸泡過夜。
2 將糙米放入鍋中，加入適量水，大火燒開後轉中火，煮約 15 分鐘，放入黑芝麻，關火晾涼。
3 焗爐預熱 170℃，焗盤墊上牛油紙。
4 將核桃仁平鋪在焗盤上，放入焗爐中層，焗 7 分鐘。
5 將焗好的核桃仁拿出，平攤在盤子中，自然冷卻。
6 將黑芝麻和糙米連同湯汁一起放入料理機中，加入適量開水，放入焗好的核桃仁，開高速攪拌成糊，加白糖調味。
7 點綴上腰果仁，即可食用。

烹飪竅門

1. 黑芝麻屬油料作物，吃起來有發膩的感覺，加入糙米可以改善口感。
2. 黑芝麻質量輕，如果直接放入料理機攪打會漂浮在液體表面；所以提前浸泡在糙米湯中，使它吸水後沉在水中。
3. 核桃仁可以焗也可以不焗，但經過烘焗的核桃仁香氣會更濃郁。

黑芝麻濃香、滋潤養人，糙米富含粗纖維，再配搭核桃仁和腰果仁，讓米糊更香的同時，營養也更豐富，佐以少許白糖，一口下去，就會有一股甜蜜味道流淌在舌尖。

祛除濕邪就靠它

糙米薏仁糊

簡單 30分鐘

主料

薏米▶60克
糙米▶80克
紅棗▶6顆（約30克）

配料

綿白糖▶適量

做法

1 薏米和糙米提前一天洗淨，浸泡在水中。
2 紅棗洗淨，放入水中浸泡10分鐘。
3 糙米和薏米放入鍋中，加入適量水，大火燒開後轉中火，煮約15分鐘，關火晾涼。
4 將浸泡好的紅棗用刀小心剔除棗核，再將果肉切成小丁，備用。
5 將薏米和糙米連同湯汁一起放入料理機中，加入紅棗肉和適量水，開高速攪拌成糊。
6 將米糊倒入碗中，再加適量白糖調味即可。

中醫認為，薏米具有利水祛濕、健脾清肺的功效，是藥食兩用之品。紅棗更是滋潤養人的絕好食材，煮過之後，綿軟甜香，與糙米糊融為一體，喝下去，香氣溢滿口中。

參考熱量表

薏米	60克	217千卡
糙米	80克	278千卡
紅棗	30克	79千卡
合計		**574千卡**

烹飪竅門

薏米裏經常會有壞掉的顆粒，有黴變和發黃的都不能吃，淘洗之前就要挑出來。

滿天星光

秋葵鮮蝦雞蛋羹

簡單 40 分鐘

主料

雞蛋▸3 個（約 150 克）
秋葵▸3 根（約 40 克）
新鮮草蝦▸2 隻（約 40 克）

配料

生抽▸2 茶匙
麻油▸3 毫升
料酒▸2 茶匙
白胡椒粉▸1 茶匙

做法

1 草蝦洗淨，去頭尾、去殼、去蝦腸，放入碗中，加入料酒和白胡椒粉抓勻，醃製 10 分鐘。
2 秋葵沖洗乾淨，去蒂，切成厚片。
3 雞蛋磕入碗中，充分打散，加入 100 毫升清水，充分攪拌均勻。
4 將蛋液過濾，濾掉氣泡，可以過濾兩遍。
5 放入秋葵片，放上醃製好的蝦仁，用保鮮紙覆蓋好。
6 蒸鍋上汽後將碗放入，蒸 20 分鐘後取出；去掉保鮮紙，趁熱淋上生抽和少許麻油即可。

參考熱量表

雞蛋	150 克	216 千卡
秋葵	40 克	10 千卡
草蝦	40 克	34 千卡
麻油	3 毫升	27 千卡
合計		**287 千卡**

秋葵富含多種微量元素，有防癌抗癌的功效，但很多人卻不喜歡它滑溜溜的黏液，那就放進蛋羹裏一起蒸吧，蒸熟之後黏液就吃不出來啦！香嫩軟滑的口感，最能得到寶寶們的青睞。

烹飪竅門

蛋液攪拌好後一定要過濾，沒有過濾過的蛋液蒸出的蛋羹表面會有很多氣泡，影響美觀度和口感。

吃出紅潤好氣色

紅棗銀耳蓮子羹

簡單 50分鐘

主料

乾銀耳（雪耳）▸ 20克
乾蓮子 ▸ 10克
紅棗 ▸ 10顆（約30克）

配料

冰糖 ▸ 30克
枸杞子 ▸ 10粒（約5克）

做法

1 提前1晚將蓮子洗淨，用清水浸泡，然後掰開去掉蓮子芯；銀耳提前1小時用冷水泡發；枸杞子放入水中浸泡。

2 銀耳變軟後用剪刀剪去硬蒂，沖洗乾淨，用手撕成儘量小的片狀。紅棗洗淨去核。

3 將銀耳和蓮子倒入高壓鍋中，加入15倍量的清水，用大火煮開，再改用小火繼續煮15分鐘。

4 關火後讓高壓鍋降溫，直至可以將鍋蓋打開。

5 重新開火，加入紅棗和冰糖，不用加蓋，用中火煮20分鐘，煮的同時進行攪拌，防止銀耳黏鍋或溢出。

6 當銀耳湯汁變得濃稠後，撒入枸杞子，關火出鍋即可。

銀耳有「菌中之冠」的美稱，不僅外觀漂亮，功效也堪比燕窩。由於它富含天然植物膠質，用它製作湯羹往往不需要其他穀類的加入，便能黏稠潤滑，經常食用有潤膚美白的功效。

參考熱量表

乾銀耳	20克	52千卡
乾蓮子	10克	35千卡
紅棗	30克	95千卡
冰糖	30克	119千卡
枸杞子	5克	13千卡
合計		**314千卡**

烹飪竅門

煮銀耳湯時不能先加入冰糖，要等到銀耳軟爛後再加入，這樣才可以讓湯汁變得更加黏稠。

清熱降火

綠豆百合蓮子羹

簡單 50 分鐘

主料

綠豆 ▸ 70 克
大米 ▸ 30 克
乾蓮子 ▸ 15 克
乾百合 ▸ 20 克

配料

冰糖 ▸ 適量

做法

1 將綠豆、乾百合分別洗淨，提前用清水浸泡過夜。
2 乾蓮子洗淨，用清水浸泡過夜，掰開取出蓮子芯。
3 起鍋後倒入足量的清水，大概是所有食材的 5 倍，燒開後加入綠豆，用大火煮開。
4 接着下入大米、蓮子和百合，轉成中火熬煮。
5 當看到綠豆和大米煮至開花時，轉小火再煮 20 分鐘。
6 加入冰糖，煮至冰糖融化，攪拌均勻，即可食用。

參考熱量表

綠豆	70 克	230 千卡
大米	30 克	104 千卡
乾蓮子	15 克	52 千卡
乾百合	20 克	69 千卡
合計		**455 千卡**

百合、蓮子和綠豆，都很適合在夏天食用。這道羹濃厚醇香，清熱降火、寧心安神、養陰清熱。炎熱的夏季心情煩躁、睡眠不好？不妨給自己熬一碗這樣的湯羹吧，體驗這歲月靜好。

烹飪竅門

這道湯羹冷吃熱吃都很美味，一次可以多煮一點，放涼後入冰箱保存，隨吃隨取。蓮子芯可以去掉也可以不去，它的味道雖然苦，但是有清心去火的功效。

溫潤女人味

紫薯牛奶羹

簡單 40 分鐘

主料

大米 ▸ 100 克
牛奶 ▸ 250 毫升
紫薯 ▸ 2 個（約 200 克）

配料

堅果 ▸ 30 克
白糖 ▸ 適量

參考熱量表

大米	100 克	346 千卡
牛奶	250 毫升	135 千卡
紫薯	200 克	212 千卡
堅果	30 克	160 千卡
合計		**853 千卡**

做法

1 提前 2 小時將大米洗淨，用清水浸泡，讓米充分吸收水份。
2 根據自己的喜好選擇核桃、花生仁或腰果等堅果，倒入不黏平底鍋中，用小火慢慢炒熱，能聞到香味即關火。
3 將堅果倒在乾淨無水的案板上，用刀切成碎粒。
4 紫薯洗淨，削皮後再次沖洗乾淨，切成小丁，上蒸鍋蒸 15 分鐘至變軟。
5 將浸泡好的大米瀝乾水份，放入攪拌機中，加入紫薯丁和牛奶，攪打成糊狀。
6 將紫薯牛奶糊倒在鍋中，加入適量清水，用大火煮開。
7 接着轉成小火，不斷攪拌熬製，直至米糊煮熟。
8 出鍋時根據自己的口味加入白糖調味，撒上堅果碎即可。

烹飪竅門

1. 大米浸泡後攪打起來更加方便，熬出的米糊會更加香醇。
2. 調味時也可以加入煉奶，奶香味更足。
3. 煮紫薯牛奶糊時一定要不時攪動，避免糊鍋。

紫薯是高纖維食品，可以促進腸胃蠕動、排出體內垃圾。比起將它切塊，丟進米中煮粥，還可以稍微花點心思，讓它變得更漂亮、更香濃。炒香的堅果碎混入細膩的米羹中，簡直完美。

滋補養胃

小米山藥羹

簡單 40 分鐘

主料

鐵棍山藥 ▸ 300 克

小米 ▸ 50 克

紅棗 ▸ 5 顆（約 15 克）

配料

鹽 ▸ 少許

冰糖 ▸ 20 克

參考熱量表

鐵棍山藥	300 克	165 千卡
小米	50 克	180 千卡
紅棗	15 克	48 千卡
冰糖	20 克	79 千卡
合計		**472 千卡**

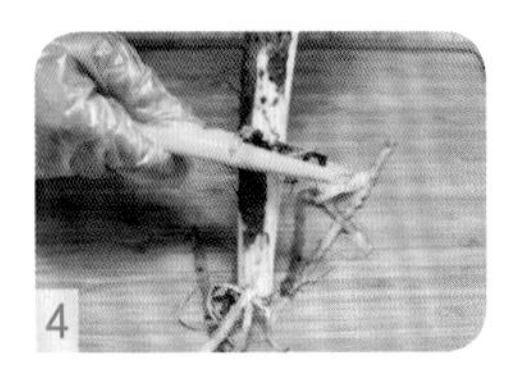

做法

1 將小米洗淨；紅棗提前用清水浸泡 15 分鐘，將浸泡好的紅棗去核。
2 起鍋倒入足量的清水，燒開後加入小米，大火煮開，再改用中火熬煮。
3 熬煮米粥時要不時攪拌，同時要處理山藥。
4 帶上一次性手套，將山藥皮削掉。
5 將清水倒入一個盆中，加入少許鹽，製成淡鹽水。
6 將削好的山藥切成小丁，放在淡鹽水中浸泡。
7 小米粥熬到差不多快要熟時，將山藥從水中撈出，瀝乾水份，放進米粥中，用大火煮至山藥綿軟。
8 加入冰糖調味，接着下入紅棗，攪拌均勻，關火即可出鍋。

烹飪竅門

削掉皮的山藥放在淡鹽水中，可以防止被空氣氧化，保持山藥的白嫩。

山藥自古以來就是滋補聖品，經常食用可以起到補脾養胃的功效。山藥中含有的黏蛋白更是可以減少血管中的脂肪沉積。秋冬時節，熬一碗綿軟香濃的小米山藥羹，安撫一下自己疲憊的腸胃吧！

營養豐富又味鮮

粟米雞蛋牛肉羹

簡單 40 分鐘

主料

雞蛋 ▸ 1 個（約 50 克）
甜粟米 ▸ 1 根（約 140 克）
醬牛肉 ▸ 80 克

配料

紅蘿蔔 ▸ 50 克
西片 ▸ 1 根（約 50 克）
生抽 ▸ 1 湯匙
生粉水 ▸ 1 湯匙
雞精 ▸ 2 克
食用油 ▸ 1 茶匙
大蒜 ▸ 3 瓣
鹽 ▸ 3 克
白胡椒粉 ▸ 1 茶匙

參考熱量表

雞蛋	50 克	72 千卡
甜粟米	140 克	157 千卡
醬牛肉	80 克	197 千卡
紅蘿蔔	50 克	16 千卡
西芹	50 克	8 千卡
食用油	5 毫升	45 千卡
合計		**495 千卡**

做法

1 將醬牛肉改刀切成小丁；大蒜去皮後切粒，備用。
2 將粟米粒剝下，清洗乾淨；紅蘿蔔洗淨，切成小丁；西芹去根、洗淨，切成小粒，備用。
3 將雞蛋磕入碗中，打散成質地均勻的蛋液。
4 起鍋倒油，燒至五成熱，加入紅蘿蔔丁和西芹粒，用小火煸炒至八成熟。
5 再加入蒜片，小火煸炒出香味；在炒鍋中加入適量清水，大火燒開後加入粟米粒，煮至熟。
6 轉小火熬製，將打散的蛋液沿着鍋邊緩緩倒入，形成蛋花。
7 加入生抽、鹽、雞精調味，將牛肉丁拌勻，滑入鍋中，並迅速用筷子輕輕劃開，避免黏連成一坨。
8 轉大火，湯汁沸騰後加入生粉水勾芡，再加入白胡椒粉，收濃湯汁即可。

烹飪竅門

紅蘿蔔中含有的胡蘿蔔素是脂溶性營養素，所以要先用油煸炒一下，這樣營養會更好地被人體吸收。

這是由「西湖牛肉羹」演變而來的簡易湯羹，熬製迅速，材料易得，清甜的粟米富含維他命E，紅蘿蔔富含胡蘿蔔素，牛肉富含氨基酸，配搭在一起，略微勾芡就湯濃味厚，構成了味道鮮美、營養又豐富的一餐。

補鈣能手

什錦豆腐羹

中等 30 分鐘

主料

嫩豆腐 ▸ 200 克
新鮮大蝦 ▸ 6 隻（約 120 克）
粟米粒 ▸ 50 克
青豆粒 ▸ 30 克
雞蛋 ▸ 1 個（約 50 克）

配料

泡發冬菇 ▸ 30 克
芫茜末 ▸ 適量
料酒 ▸ 2 茶匙
白胡椒粉 ▸ 2 茶匙
生粉水 ▸ 1 湯匙
雞精 ▸ 3 克
鹽 ▸ 3 克
麻油 ▸ 1 茶匙

參考熱量表

嫩豆腐	200 克	174 千卡
大蝦	120 克	101 千卡
粟米粒	50 克	56 千卡
青豆粒	30 克	33 千卡
雞蛋	50 克	72 千卡
泡發冬菇	30 克	8 千卡
麻油	5 毫升	45 千卡
合計		**489 千卡**

5

6

7

8

做法

1 大蝦去除頭尾，去殼，開背去蝦腸，放入碗中；青豆粒、粟米粒洗淨，備用。
2 泡發冬菇去蒂，切成小丁；豆腐切成 1 厘米見方的丁，放入水盆中浸泡，備用。
3 雞蛋磕入碗中，打散成質地均勻的蛋液。
4 起鍋，加入適量清水，燒至八成熱時，下入豆腐丁焯 30 秒後撈出，瀝乾水份備用。
5 另起一鍋，燒開清水，加入青豆粒、冬菇丁、粟米粒，大火煮開後改用中火煮約 10 分鐘。
6 青豆和粟米粒差不多八成熟時，加入豆腐丁和蝦仁，大火煮開。
7 開鍋後加入鹽、白胡椒粉、雞精、料酒調味，加入生粉水勾芡。
8 將打勻的蛋液環繞着鍋一周緩慢倒入，形成蛋花後就出鍋，淋入麻油，撒少許芫茜末即可。

烹飪竅門

焯水可以去除豆腐的豆腥味，但小心不要用大力，避免豆腐破碎。

潔白的豆腐含有豐富的鈣質，配搭富含蛋白質的蝦仁，再加上青豆粒和粟米粒，讓這一道湯羹如同寶石薈萃，味道鮮美柔滑，營養也是很全面的。

迷人的老北京
滷汁豆腐花

簡單 30分鐘

參考熱量表

豆腐	300克	150千卡
豬柳肉	100克	155千卡
紅蘿蔔	50克	16千卡
泡發木耳	40克	11千卡
食用油	10毫升	90千卡
辣椒油	5毫升	45千卡
合計		**467千卡**

主料

豆腐▸1盒（約300克）

配料

豬柳肉▸100克
紅蘿蔔▸50克
泡發木耳▸40克
香葱▸1根
大蒜▸4瓣
白胡椒粉▸2茶匙
生抽▸1湯匙
料酒▸10克
蠔油▸1茶匙
陳醋▸2茶匙
芫茜末▸少許
雞精▸3克
鹽▸3克
生粉水▸1湯匙
食用油▸10毫升
辣椒油▸1茶匙

3

4

6

8

做法

1 豬柳肉洗淨，剁成末，放入碗中，加入1茶匙白胡椒粉和料酒，抓拌均勻，醃製10分鐘。
2 紅蘿蔔去皮、洗淨，切細絲；泡發木耳洗淨，去根後撕成小塊；香葱洗淨、切末；大蒜去皮後切粒。
3 小火加熱炒鍋，鍋中倒入食用油，油溫熱後加入葱末和蒜粒煸香。
4 接着加入肉末，翻炒至肉色完全變白。
5 加入紅蘿蔔絲和木耳，轉中火煸炒1分鐘，下入生抽和蠔油炒勻。
6 加入一碗清水，轉大火煮開，湯汁沸騰後加入白胡椒粉、陳醋和生粉水，待湯汁濃稠，加入雞精和鹽調味，關火。
7 豆腐放入碗中，蒸鍋上汽後放入，10分鐘後取出，倒掉碗中多餘的水份。
8 將煮好的滷汁澆在蒸好的豆腐上，淋入辣椒油，撒少許芫茜末即可。

烹飪竅門

這款滷汁用了跟河南胡辣湯相似的製作方法，只是簡化了一些步驟，製作的量比較少，也會略微清淡一些。可以根據自己的喜好進行調味料的增減。

豆腐花的吃法在南北方是不同的，基本上形成了「南甜北鹹」的局面。老北京的豆腐花，多半是鹹口的，味道濃郁，湯色紅亮，借助神奇的豆腐，讓在家做豆腐花的程序又簡化了很多。滷汁裏面再加入補鐵養血的木耳，好吃的同時又兼顧到了營養。

湯鮮最養胃

雞蔬酸湯麵

簡單 25分鐘

主料

幼麵 ▸ 150克
紅蘿蔔 ▸ 50克
青椒 ▸ 50克
黃豆芽 ▸ 40克
雞蛋 ▸ 1個（約50克）

配料

大蒜 ▸ 4瓣
小米椒 ▸ 3隻
陳醋 ▸ 1湯匙
生抽 ▸ 1湯匙
生粉水 ▸ 1湯匙
料酒 ▸ 2茶匙
蠔油 ▸ 1茶匙
雞精 ▸ 半茶匙
香葱 ▸ 1根
熟白芝麻 ▸ 適量
辣椒紅油 ▸ 10毫升
白糖 ▸ 1茶匙
食用油 ▸ 適量

參考熱量表

幼麵	150克	538千卡
紅蘿蔔	50克	16千卡
青椒	50克	11千卡
黃豆芽	40克	19千卡
雞蛋	50克	72千卡
辣椒紅油	10毫升	90千卡
白糖	5克	20千卡
合計		**766千卡**

5

6

7

8

做法

1 紅蘿蔔洗淨，去皮，切成細絲；青椒洗淨，斜切成絲；黃豆芽洗淨，備用。
2 大蒜去皮後用壓蒜器壓成蒜泥；小米椒洗淨，去蒂，切小粒；香葱洗淨，切成葱末。
3 雞蛋磕入碗中，用筷子順着一個方向攪拌均勻，加入料酒和生粉水，拌勻。
4 平底鍋燒熱油，倒入蛋液，攤成一個厚度均勻的蛋餅，取出晾涼，切成蛋絲備用。
5 取一個大碗，加入蒜末、小米椒粒、生抽、陳醋、蠔油、雞精、白糖和部分葱末，調成調味汁備用。
6 另起一鍋，加入適量清水燒開，放入麵條用大火煮熟，撈出，放入調味汁中，再加入適量煮麵條的湯。
7 繼續用煮麵條的水下入紅蘿蔔絲、青椒絲和黃豆芽焯熟，撈出後放在麵條上。
8 最後放入蛋絲、葱末，再淋上辣椒紅油，撒上熟白芝麻，食用時攪拌均勻即可。

烹飪竅門

最好選擇幼麵條，煮的時間不要過長，這樣麵條吃起來口感會比較韌性。

「餓了嗎？我幫你煮碗麵吧！」，這道富含碳水化合物、蛋白質、維他命的主食，營養全面又容易消化，酸爽的湯汁極其開胃，好湯好麵，一定要全吃完才行。

滋補清新好顏色

枸杞酒釀小丸子

簡單 15 分鐘

主料

小湯丸▸150 克
醪糟（酒釀）▸30 克

配料

桂花醬▸1 湯匙
冰糖▸10 克
泡發枸杞子▸10 粒
雞蛋▸1 個（約 50 克）

做法

1 鍋中加入適量清水，倒入醪糟，大火煮開。
2 隨後加入冰糖，中火熬 5 分鐘。
3 下入小湯丸，煮 7 分鐘至小湯丸熟。
4 下入桂花醬和枸杞子，繼續小火熬煮 2 分鐘。
5 將雞蛋磕入鍋中，用筷子攪散。
6 出鍋盛入碗中，即可食用。

醪糟能夠促進血液循環、促進新陳代謝，具有補血養顏的功效。單獨吃醪糟非常酸，小湯丸的加入可以很好地中和酸味，還補充了碳水化合物。清晨來一碗，滋養又美味，桂花香沁人心脾，不禁讓人感慨生活的美好。

參考熱量表

小湯丸	150 克	438 千卡
醪糟	30 克	30 千卡
冰糖	10 克	40 千卡
雞蛋	50 克	72 千卡
桂花醬	15 克	39 千卡
合計		**619 千卡**

烹飪竅門

一定要最後下入桂花醬，這樣可以更好地保持着桂花原本的香味。

越吃越漂亮

美齡養顏粥

簡單 35 分鐘

主料

糯米 ▸ 60 克
大米 ▸ 20 克
鐵棍山藥 ▸ 150 克
黃豆 ▸ 150 克
枸杞子 ▸ 5 克

配料

冰糖 ▸ 適量

做法

1 將糯米和大米淘洗乾淨，提前浸泡 3 小時以上，撈出瀝乾。枸杞子用熱水泡軟後瀝乾。
2 將黃豆放入豆漿機中，加入 700 毫升清水，攪打成豆漿，濾去豆渣，保留豆漿備用。
3 山藥去皮、洗淨，切成小塊，放入鍋中蒸熟後晾涼。
4 將蒸熟的山藥放入碗中，借助搗泥器壓成山藥泥。
5 將豆漿放入不黏的煮鍋中，大火燒開。加入泡好的大米和糯米，再次煮開。
6 加入山藥泥，轉中小火繼續加熱，不時用湯匙攪拌；加入冰糖，煮到米粒開花後關火，趁熱加入枸杞子即可。

參考熱量表

糯米	60 克	210 千卡
大米	20 克	69 千卡
鐵棍山藥	150 克	82 千卡
黃豆	150 克	585 千卡
枸杞子	5 克	13 千卡
合計		**959 千卡**

烹飪竅門

1. 現在很多豆漿機都不需要泡發黃豆，只需要將黃豆清洗後直接放入即可，如果豆漿機型號老舊，建議提前將黃豆浸泡過夜至泡軟。

2. 最好選擇鐵棍山藥，鐵棍山藥生粉含量高，煮出的粥更稠厚，營養價值也更高。

據說這是專門為改善宋美齡女士食慾不振而開發的粥品，冰糖和枸杞子可止咳化痰、滋補身體。在清晨來一碗甘甜軟糯的美齡粥，滋潤養顏，喝的時候細細品味，才不辜負自己。

暖心暖胃家常味

粟米雜糧粥

簡單 50 分鐘

主料

大米 ▶ 30 克
薏米 ▶ 10 克
燕麥米 ▶ 20 克
紫米 ▶ 10 克
芡實 ▶ 10 克
黃豆 ▶ 10 克
黑豆 ▶ 10 克
糯米 ▶ 10 克
紅豆 ▶ 10 克
花生仁 ▶ 20 克
紅棗 ▶ 5 顆（約 25 克）
粟米 ▶ 1 根（約 140 克）

配料

蜂蜜 ▶ 2 茶匙

參考熱量表

食材	份量	熱量
大米	30 克	104 千卡
薏米	10 克	36 千卡
燕麥米	20 克	75 千卡
紫米	10 克	34 千卡
芡實	10 克	35 千卡
黃豆	10 克	37 千卡
黑豆	10 克	40 千卡
糯米	10 克	35 千卡
紅豆	10 克	32 千卡
花生仁	20 克	63 千卡
紅棗	25 克	66 千卡
粟米	140 克	157 千卡
蜂蜜	10 克	32 千卡
合計		**746 千卡**

做法

1 提前將不易煮爛的薏米、燕麥米、紫米、芡實、黃豆、黑豆、紅豆、花生仁這些食材清洗乾淨，用清水浸泡整夜。
2 提前半小時將大米、糯米這類容易煮軟的食材洗淨，浸泡在純淨水中。
3 紅棗洗淨，先用刀拍一拍，取出果核，切成小丁；粟米洗淨後將粟米粒剝下來放入碗中，備用。
4 起鍋倒入清水，水量大概是食材的 4 倍。
5 將薏米、燕麥米、芡實、黃豆、黑豆、紫米、紅豆、花生仁放入盛水的鍋中，用大火煲煮。
6 大火煮開鍋後，改用中火煮 20 分鐘，加入大米、糯米、粟米粒繼續煲煮。
7 待雜糧粥煮至軟爛濃稠，加入紅棗攪拌均勻，關火即可出鍋。
8 待粥稍微晾涼，淋入蜂蜜即可食用。

烹飪竅門

因為粟米是比較容易熟的，所以和大米還有糯米同時放入鍋中就可以。

雜糧粥，既然雜，可以根據自己的喜好自行增減配料，品種越多口感越豐富。雜糧有很好的降血糖的功效，同時比細糧更能加速身體中多餘膽固醇的排出，加強腸胃蠕動，營養又不易導致發胖。

減肥美白粥

牛奶香蕉燕麥粥

簡單 20分鐘

主料

香蕉▸1根（約90克）

牛奶▸300毫升

快熟燕麥片▸80克

配料

堅果▸30克

參考熱量表

香蕉	90克	84千卡
牛奶	300毫升	162千卡
快熟燕麥片	80克	270千卡
堅果	30克	160千卡
合計		**676千卡**

做法

1 將香蕉去皮，切成稍厚一點的片，放入碗中備用。

2 根據自己的喜好選擇核桃、花生仁等堅果，將堅果倒在乾淨無油的鍋中，小火慢慢炒熱，直至聞見香味。

3 關火，將炒香的堅果倒在案板上晾涼，用刀切成碎粒。

4 起鍋倒入清水，水量大概是燕麥片量的5倍，再倒入牛奶，中火燒開鍋。

5 開鍋後轉小火，倒入快熟燕麥片，用勺子順着一個方向攪拌。

6 煮的過程中要不時地用勺子順着一個方向攪動，以免黏鍋。

7 當燕麥煮至完全黏稠時，加入香蕉片，用勺子順着一個方向攪拌均勻，改小火再煮3分鐘。

8 將煮好的牛奶燕麥粥盛入碗中，撒上堅果碎即可。

烹飪竅門

香蕉放進粥裏後不要久煮，否則煮得過爛會影響口感，同時也會散發出一股奇怪的氣味。

這是一款非常容易製作的快手粥，牛奶的醇香、香蕉的甜香、加上堅果特有的香味，不用加糖就有一股甜蜜味道流淌在舌尖。營養更是不用多説，是減肥美白人士的首選粥。

輕鬆瘦身好選擇

生滾蝦仁窩蛋粥

中等 30 分鐘

主料

大米 ▸ 100 克

新鮮大蝦 ▸ 7 隻（約 140 克）

配料

西芹 ▸ 2 根（約 100 克）

紅蘿蔔 ▸ 100 克

料酒 ▸ 1 湯匙

胡椒粉 ▸ 2 茶匙

生薑 ▸ 3 片

雞精 ▸ 半茶匙

麻油 ▸ 5 毫升

鹽 ▸ 少許

雞蛋 ▸ 1 個

參考熱量表

大米	100 克	346 千卡
大蝦	140 克	118 千卡
紅蘿蔔	100 克	32 千卡
西芹	100 克	17 千卡
麻油	5 毫升	45 千卡
合計		**558 千卡**

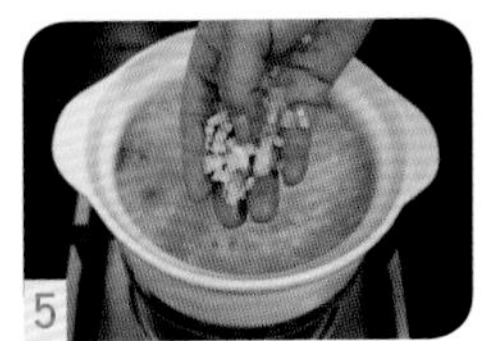

做法

1 新鮮大蝦洗淨，去頭尾、去殼，去蝦腸，喜歡蝦尾的可以保留；將大蝦放入碗中，加入料酒和胡椒粉，抓勻後醃製 10 分鐘去腥。

2 將洗淨的大米放入砂鍋中，放足量水，大火燒開，沸騰後轉小火。

3 西芹洗淨，去掉根部和老葉，切成小粒；薑片切成細絲；紅蘿蔔洗淨，去皮後切成和西芹粒大小匹配的粒，備用。

4 當砂鍋裏的粥煮至黏稠、米粒開花時，下入醃好的大蝦，緩慢攪拌均勻。

5 放入薑絲，等粥再次冒小泡時，將雞蛋打進鍋中間，蓋上鍋蓋，燜 1 分鐘；打開鍋蓋，加入西芹粒和紅蘿蔔粒，緩慢拌勻，關火。

6 加入適量雞精和鹽調味，再淋入少許麻油，攪拌均勻即可食用。

烹飪竅門

做出一鍋好吃的生滾粥的前提條件就是食材一定要新鮮，這道粥裏的雞蛋如果足夠新鮮，可以不完全煮透，上桌之後戳破蛋黃，也是非常美味的。

窩蛋粥屬廣式生滾粥，其特點是口感潤滑、米粥軟糯，混合着香軟的雞蛋，令人入口難忘。蝦仁富含蛋白質，可以增長肌肉和力量，非常適合熱愛健身的人士食用。

汁鮮味美

生滾魚片粥

簡單 40 分鐘

主料

大米 ▸ 100 克
急凍龍脷魚 ▸ 100 克

配料

紅蘿蔔 ▸ 50 克
冬菇 ▸ 5 朵（約 50 克）
香芹 ▸ 20 克
雞精 ▸ 半茶匙
料酒 ▸ 2 茶匙
白胡椒粉 ▸ 1 茶匙
鹽 ▸ 半茶匙
麻油 ▸ 3 滴

參考熱量表

大米	100 克	346 千卡
龍脷魚	100 克	53 千卡
紅蘿蔔	50 克	16 千卡
冬菇	50 克	13 千卡
香芹	20 克	3 千卡
合計		**431 千卡**

做法

1 將急凍龍脷魚解凍，沖洗乾淨後用廚用紙吸乾表面水份；將魚肉斜刀片成薄片，放入碗中，加入料酒和白胡椒粉，抓勻醃製 10 分鐘。
2 紅蘿蔔洗淨，切成碎粒；冬菇去蒂、洗淨，切成碎粒；香芹洗淨，切成碎粒備用。
3 起鍋加入適量清水，水的量大概是米的 10 倍，大火燒開後加入大米進行煲煮。
4 煮米粥時要隨時攪動，避免黏鍋，開鍋後改用中火煲煮。
5 大米煮至開花後，加入冬菇粒、紅蘿蔔粒和香芹粒，改用大火繼續煮至粥黏稠。
6 加入醃好的魚片，煮至開鍋；加入鹽和雞精調味，淋入麻油，攪拌均勻即可出鍋。

烹飪竅門

倒入魚片時，只需要輕輕攪動一下鍋底即可，力氣太大會把魚片弄碎。

鮮嫩滑口的魚片，富含蛋白質、不飽和脂肪酸等多種營養物質，非常適合體虛之人進補，配上色彩繽紛的蔬菜丁，讓人一飽眼福。喝粥時可千萬別心急，慢慢啜一口，用心體會那鮮美的滋味。

補血的好選擇

菠菜豬膶粥

簡單 40分鐘

主料

大米▶100克
豬膶▶50克
菠菜▶100克

配料

雞精▶3克
鹽▶適量
白胡椒粉▶1茶匙
料酒▶1湯匙
食用油▶3滴
生薑▶15克
生粉▶1茶匙

參考熱量表

大米	100克	346千卡
豬膶	50克	64千卡
菠菜	100克	28千卡
生薑	15克	7千卡
合計		**445千卡**

做法

1 提前半小時將大米洗淨、浸泡好，同時準備其他食材。
2 豬膶用清水反覆浸泡、沖洗至血污乾淨，切成薄片；生薑洗淨，切成細絲；菠菜擇洗乾淨，備用。
3 在切好的豬膶中加入料酒、生粉、薑絲、2克鹽和白胡椒粉，拌勻，醃製入味，同時可以去腥。
4 起鍋加入適量清水，水的量大概是米的10倍，大火燒開後加入大米煲煮。
5 煮米粥時要隨時攪動，避免黏鍋，開鍋後改用中火煲煮。
6 另起一鍋，倒入清水，水中加入少許鹽和食用油，燒開後放入菠菜快速汆燙1分鐘，立即撈出。
7 將汆燙好的菠菜切成2厘米長的段備用。
8 待米粥煮至軟爛，下入豬膶，迅速攪散，待豬膶完全變色後加入菠菜、3克鹽和雞精調味，拌勻即可。

烹飪竅門

汆燙菠菜可有效去除草酸。在水中加入鹽和食用油可以保證菠菜的色澤鮮亮。

菠菜富含鐵元素，豬膶明目養血，二者配搭，讓補血的作用發揮到了極致。豬膶特有的香氣和菠菜的清香碰撞在一起，恰到好處。這樣一碗粥，口味合人心意，營養又充足，獨當一餐完全沒問題。

潤腸助纖體

冬菇雞蓉燕麥粥

簡單 30 分鐘

主料

泡發冬菇▶5 朵（約 10 克）
雞胸肉▶50 克
小棠菜▶100 克
快熟燕麥片▶70 克
紅蘿蔔▶50 克
急凍粟米粒▶50 克

配料

鹽▶2 克
料酒▶1 茶匙
橄欖油▶1 茶匙
白胡椒粉▶2 克

做法

1 急凍粟米粒用清水沖洗去浮冰；紅蘿蔔、小棠菜、泡發冬菇分別洗淨，切成小粒，備用。
2 雞肉洗淨，切成碎粒，再用刀背敲打成肉蓉；將鹽、料酒、白胡椒粉加入雞肉蓉中，拌勻醃製 10 分鐘。
3 量出 7 倍於燕麥片的清水倒入鍋中，用大火煮開。
4 水開後加入燕麥片，用勺子順着一個方向攪拌均勻，改用中火煲煮。
5 當燕麥片煮至略微黏稠時，加入雞肉蓉、冬菇、紅蘿蔔和粟米粒，大火煮至粥變得濃稠。
6 出鍋前加入小棠菜，攪勻煮開，關火後滴入橄欖油即可。

冬菇與雞肉是完美的搭檔，它們燉在一起香氣四溢。在粗纖維含量豐富的燕麥粥中加入冬菇丁和雞肉蓉，再點綴碧綠的蔬菜和黃澄澄的紅蘿蔔丁，鮮美香滑有營養。這樣一碗粥，怎能讓人不愛？

參考熱量表

食材	份量	熱量
泡發冬菇	10 克	27 千卡
雞胸肉	50 克	133 千卡
小棠菜	100 克	18 千卡
快熟燕麥片	70 克	237 千卡
紅蘿蔔	50 克	16 千卡
粟米粒	50 克	56 千卡
橄欖油	5 毫升	45 千卡
合計		**532 千卡**

烹飪竅門

加入雞肉等食材後，改用大火繼續煮粥時，一定要不停用勺子順着一個方向攪動，避免黏鍋。

CHAPTER

2

愜意輕主食

手工的魅力

南瓜紅豆餅

簡單 55 分鐘

主料

麵粉 ▸ 250 克

南瓜 ▸ 150 克

配料

紅豆蓉 ▸ 150 克

奶粉 ▸ 15 克

白糖 ▸ 50 克

鹽 ▸ 2 克

酵母粉 ▸ 5 克

食用油 ▸ 少許

參考熱量表

麵粉	250 克	915 千卡
南瓜	150 克	34 千卡
紅豆蓉	150 克	366 千卡
奶粉	15 克	72 千卡
白糖	50 克	200 千卡
合計		**1587 千卡**

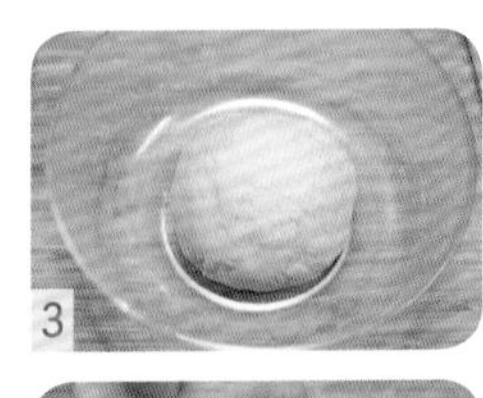

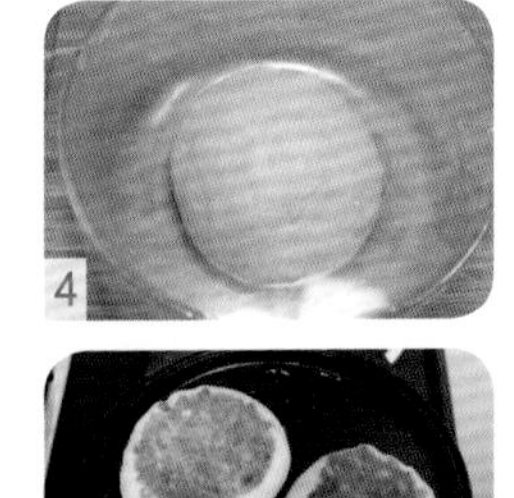

做法

1 將南瓜去皮、洗淨，切成小塊，放入碗中。

2 蒸鍋中加入適量水，將南瓜放入鍋中，大火蒸 20 分鐘後取出，晾涼後搗成南瓜蓉。

3 南瓜蓉中加入麵粉、酵母粉、奶粉、白糖和鹽，分次加入 100 毫升溫水，攪拌至麵粉呈絮狀，用手將麵糰揉至光滑狀態。

4 用保鮮紙覆蓋住麵糰，置於溫暖的地方，待麵糰發酵至兩倍大小。

5 再將麵糰手揉一遍，揉至麵糰出筋且特別光滑時，再用保鮮紙覆蓋住，讓麵糰醒 5 分鐘。

6 將麵糰分成大小均勻的等份，然後用擀麵杖將其擀成略微厚一點的麵皮。

7 將紅豆蓉放在麵皮上，包好、壓平，做成餅狀。

8 在焗餅機上刷上一層薄油，將做好的餅間隔一定的距離擺放整齊，用小火煎 15 分鐘即可。

烹飪竅門

也可以用牛奶代替清水和奶粉，味道更醇厚香甜。麵糰發酵後反覆不斷揉搓，揉的時間越長，做出的餅口感越柔滑。

紅豆具有補氣血、祛濕氣的功效，紅豆蓉的口感更佳，又甜又糯，讓人停不了口。麵皮中加入南瓜蓉，雖然過程繁瑣了一點，但在嘗過它香甜的味道後，你會覺得一切都值得。

粗糧新吃法

粟米菜餅

中等 35分鐘

主料

新鮮帶葉嫩粟米▸5根（約700克）
椰菜▸50克
紅蘿蔔▸50克
雞蛋▸2個（約100克）

配料

白胡椒粉▸2茶匙
雞精▸半茶匙
鹽▸3克
香葱▸1根
麻油▸2茶匙

參考熱量表

粟米	700克	784千卡
椰菜	50克	12千卡
紅蘿蔔	50克	16千卡
雞蛋	100克	144千卡
麻油	10毫升	90千卡
合計		**1046千卡**

1

2

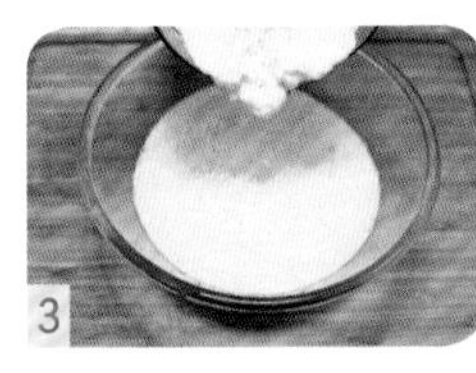
3

4

5

6

7

8

做法

1 將新鮮粟米剝掉葉子，選取裏面完整的葉子留下，兩三片葉子為一組，用來做蒸餅的托盤使用。
2 將粟米粒完整地切下來；椰菜、紅蘿蔔分別洗淨，去掉根部，切成細絲；香葱洗淨、切成末。
3 將粟米粒放入料理機中，打成粟米糊，然後倒入盆中。
4 將椰菜絲、紅蘿蔔絲和葱末放入盆中，磕入雞蛋。
5 加入雞精、鹽、白胡椒粉、麻油進行調味，用鏟子從下往上翻拌均勻。
6 將拌好的粟米蔬菜糊用勺子依次舀入粟米葉子中，將粟米糊鋪滿整個粟米葉。
7 蒸鍋中加入適量清水，將做好的粟米菜餅放入蒸鍋中，蓋上鍋蓋。
8 開鍋後繼續蒸10分鐘，即可關火。

烹飪竅門

1. 一定要選擇新鮮的嫩粟米，老粟米放入料理機中是很難打碎的。
2. 如果粟米糊有點稀，可以酌情添加少量低筋麵粉，但是麵糊一定不能過乾，否則蒸出來的粟米菜餅就沒有那麼嫩的口感了。

栗米富含維他命和膳食纖維，是非常健康的糧食。在東北地區，人們經常用漿汁豐富的嫩粟米來蒸一鍋粟米菜餅，配搭膳食纖維同樣豐富的蔬菜，就能收穫滿滿的營養和美味。

甜蜜的味道

楓糖漿窩夫餅

簡單 20 分鐘

主料

低筋麵粉 ▸ 120 克
細砂糖 ▸ 30 克
牛油 ▸ 45 克
牛奶 ▸ 50 毫升
泡打粉 ▸ 2 克
香草精 ▸ 2 克
可可粉 ▸ 5 克
粟粉 ▸ 30 克
雞蛋 ▸ 2 個（約 100 克）

配料

黑芝麻 ▸ 適量
楓糖漿 ▸ 適量
奇異果 ▸ 1 個（約 50 克）

參考熱量表

低筋麵粉	120 克	384 千卡
細砂糖	30 克	120 千卡
牛油	45 克	400 千卡
牛奶	50 毫升	27 千卡
粟粉	30 克	104 千卡
雞蛋	100 克	144 千卡
奇異果	50 克	30 千卡
合計		**1209 千卡**

5

6

7

8

9

做法

1 將低筋麵粉、粟粉、可可粉、黑芝麻和泡打粉放入小盆中，用手動打蛋器攪拌均勻。
2 牛油加熱，融化成液體，冷卻至室溫備用。
3 雞蛋打入碗中，加入細砂糖，用打蛋器攪拌均勻；倒入牛奶和牛油，加入香草精，拌勻成蛋奶液。
4 將混合好的粉類倒入蛋奶液中，用蛋抽攪拌均勻，成為窩夫餅麵糊。
5 預熱窩夫餅機，預熱完成後，用矽膠刷在模具內部薄薄刷上一層軟化牛油。
6 倒入麵糊，使麵糊鋪滿模具，不要讓麵糊溢出來，蓋上蓋子，小火烘焗 4 分鐘。
7 打開窩夫餅機蓋子，如果餅能從模具上很容易脫落下來，就説明熟了。
8 將煎好的窩夫餅放在晾架上冷卻；奇異果洗淨，去皮後切成適當大小的塊。
9 取幾片冷卻好的窩夫餅放在盤子中，裝飾上奇異果丁，淋上楓糖漿即可。

烹飪竅門

1. 將麵糊舀在模具上時，不要讓麵糊溢出來，否則煎出的窩夫餅邊緣會不整齊，機器也不好清理。
2. 過程中如果能聞到淡淡的麵糊味，説明餅已經熟了，這個過程大概需要 5 分鐘，每一個機器的火候都不太一樣，請儘量使用低火。

窩夫餅的主要原料是雞蛋和牛奶，這些食材都富含蛋白質。做法也不難，借助模具可以輕鬆做出形狀漂亮的餅，還可以加入可可粉或抹茶粉，讓窩夫餅吃起來更多了一層趣味。

爽脆王者

馬鈴薯蔬菜餅

簡單 30 分鐘

主料

馬鈴薯 ▸ 150 克
紅蘿蔔 ▸ 100 克

配料

青椒 ▸ 50 克
紅椒 ▸ 50 克
鹽 ▸ 3 克
雞精 ▸ 2 克
白胡椒粉 ▸ 3 克
香葱 ▸ 1 根
食用油 ▸ 1 湯匙

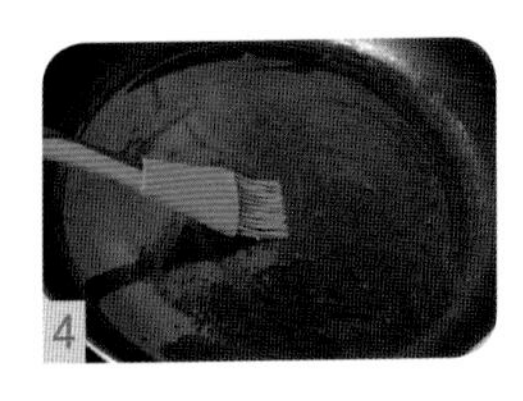
4

5

6

做法

1 馬鈴薯、紅蘿蔔分別去皮、洗淨，用刨絲器刨成細絲；青椒、紅椒分別洗淨、去蒂、去籽，切細絲。
2 香葱去根，洗淨，切成小粒。
3 將馬鈴薯絲、紅蘿蔔絲、青椒絲和紅椒絲一同放入大碗中，加入白胡椒粉、雞精、鹽和香葱粒，攪拌均匀，備用。
4 開中火加熱平底鍋，放入少許油，塗抹均匀。
5 用湯勺舀一勺馬鈴薯蔬菜絲，攤平在平底鍋上，厚度儘量均匀，轉成小火慢煎。
6 待餅已經定型，一面金黃後翻面煎另外一面，兩面金黃後即可出鍋。

馬鈴薯既是蔬菜又是糧食，富含維他命及碳水化合物，擦成細絲，配搭一些自己喜歡吃的蔬菜，加點喜歡的調料，簡簡單單就是一頓營養全面的餐食。

參考熱量表

馬鈴薯	150 克	122 千卡
紅蘿蔔	100 克	32 千卡
青椒	50 克	11 千卡
紅椒	50 克	11 千卡
食用油	15 毫升	135 千卡
合計		**311 千卡**

烹飪竅門

1. 如果喜歡脆的口感，就儘可能將餅攤薄。
2. 刨好的馬鈴薯絲不用水洗，馬鈴薯絲表面的澱粉更容易讓馬鈴薯絲餅黏合在一起，餅更容易定型。

滿嘴流油的滿足

快手肉夾饃

簡單 20分鐘

主料

肘子肉▸100克
白吉饃▸2個（約150克）

配料

尖椒▸1隻（約60克）
芫茜▸2棵
生菜葉▸2片

5

6

做法

1 將肘子肉切成小丁，蒸鍋上汽後入鍋蒸10分鐘。
2 尖椒去蒂、去辣椒籽，沖洗乾淨，切成小丁；芫茜切掉根部，洗淨，切成碎末，備用。
3 將芫茜碎和尖椒丁放入蒸好的肘子肉中，攪拌均勻。焗爐預熱200℃。
4 將白吉饃放入預熱好的焗爐中，中層焗製8分鐘，給白吉饃加熱回溫。
5 白吉饃平放，用刀沿着中間劃開3/4，不要切斷。
6 掀開白吉饃，用勺子把拌好的肘子肉夾進去，再放入洗淨的生菜葉即可。

參考熱量表

肘子肉	100克	271千卡
白吉饃	150克	370千卡
尖椒	60克	13千卡
合計		**654千卡**

喜歡吃肉夾饃，可又要做餅皮又要燉肘子，實在麻煩。何不用超市裏做好的成品加熱一下？雖然比不上原汁原味的臘汁肉夾饃，可咬一口，照樣是滿嘴流油，超級滿足。

烹飪竅門

1. 買肘子肉的時候不要選擇太瘦的，純瘦的肘子肉做肉夾饃會比較乾。
2. 肘子肉蒸好後出來的肉湯不要扔掉，跟肘子肉拌在一起夾進肉夾饃中會更好吃。

口袋麵包

菠菜口袋餅

複雜 120 分鐘

參考熱量表

高筋麵粉	200 克	732 千卡
綿白糖	10 克	46 千卡
菠菜	150 克	42 千卡
牛柳	200 克	214 千卡
洋葱	50 克	20 千卡
紅蘿蔔	50 克	16 千卡
合計		**1070 千卡**

主料

高筋麵粉 ▸ 200 克
菠菜 ▸ 150 克
鹽 ▸ 3 克
綿白糖 ▸ 10 克
乾酵母粉 ▸ 5 克
橄欖油 ▸ 1 湯匙

配料

牛柳 ▸ 200 克
洋葱 ▸ 50 克
紅蘿蔔 ▸ 50 克
生抽 ▸ 2 茶匙
老抽 ▸ 1 茶匙
孜然粒 ▸ 1 茶匙
孜然粉 ▸ 2 克
生粉 ▸ 2 茶匙
鹽、橄欖油 ▸ 各適量

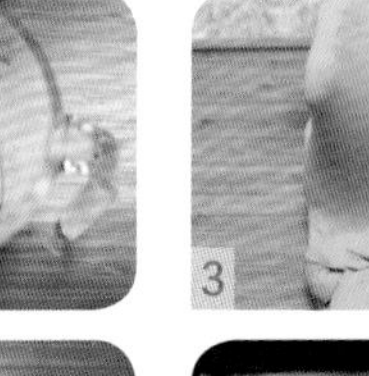
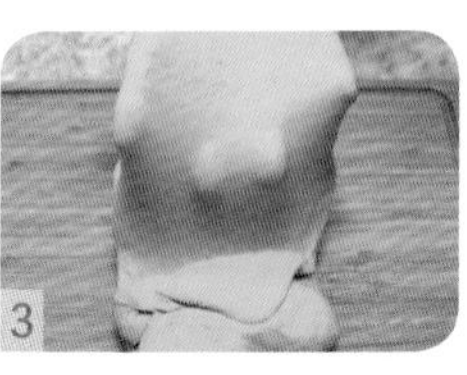

做法

1 將菠菜去掉根部和老葉，洗淨後放入沸水中汆燙 1 分鐘。

2 撈出菠菜，放入涼水中降溫，擠乾水份，切小段，放入榨汁機中，倒入 100 毫升清水攪打，然後過濾出菠菜汁。

3 高筋麵粉中加入菠菜汁、乾酵母粉、鹽、綿白糖和橄欖油，放入麵包機，將麵糰揉到能拉出大片筋膜的程度。

4 揉好的麵糰滾圓，蓋上保鮮紙，放在溫暖處發酵到 2 倍大。

5 牛柳切條；洋葱切粗條；紅蘿蔔洗淨，切粗條；牛肉中加入老抽、生抽、孜然粉、孜然粒、生粉和適量鹽，抓拌均勻。

6 中火加熱平底鍋，放入適量橄欖油，下入牛肉條、紅蘿蔔條和洋葱條翻炒到牛肉變色，盛出待用。

7 取出發好的麵糰，按壓排氣，平均分成 6 份，每份揉圓，蓋上保鮮紙，鬆弛 15 分鐘。

8 在焗盤上刷橄欖油，放入焗爐，焗爐 230℃預熱。將鬆弛好的麵糰擀成直徑約 12 厘米的圓餅。

9 擀好的圓餅放入預熱好的焗爐，快速關上門，焗到圓餅鼓起後繼續烘焗半分鐘。

10 將焗好的餅取出，切開口，塞入炒好的洋葱、牛肉和紅蘿蔔即可。

烹飪竅門

焗餅的時候溫度一定要夠，把擀好的麵餅放在滾燙的焗盤上，餅才能鼓起來，所以動作一定要快。

口袋餅，餅皮就像口袋一樣可以裝下自己喜歡的蔬菜和肉類，看着就很滿足。用菠菜汁和麵更是心思巧妙，美味、營養都不缺。

春天裏的小清新

雞肉蔬菜餅

簡單 40分鐘

主料

椰菜 ▸ 200克
新鮮雞胸肉 ▸ 100克
雞蛋 ▸ 2個（約100克）
低筋麵粉 ▸ 150克
香葱 ▸ 2棵

配料

雞精 ▸ 半茶匙
白胡椒粉 ▸ 半茶匙
燒焗醬 ▸ 適量
熟花生仁 ▸ 20克
沙律醬 ▸ 適量
食用油 ▸ 1湯匙

參考熱量表

椰菜	200克	48千卡
雞胸肉	100克	133千卡
雞蛋	100克	144千卡
低筋麵粉	150克	480千卡
熟花生仁	20克	120千卡
食用油	15毫升	135千卡
合計		**1060千卡**

1

2

3

4

5

6

7

8

做法

1 將雞胸肉洗淨，切成碎粒，再用刀背敲打成肉蓉；香葱洗淨，取葱綠部分切成小粒。
2 低筋麵粉中加入雞精、白胡椒粉、打散的雞蛋，攪拌到大致沒有乾粉。
3 椰菜去根、去老莖後切成短粗絲，花生仁切成小碎粒。
4 椰菜絲、雞肉蓉和花生仁碎放到麵粉糊中，用手抓拌成質地均勻的麵糊。
5 中火加熱平底鍋，放入適量油抹勻。油熱後放入一半的麵糊，轉小火。
6 用鏟子將麵糊壓成厚餅狀。
7 麵糊底面定型後用鏟子將餅翻面，兩面都定型後轉大火將表面煎酥脆。
8 出鍋後在表面塗一層燒焗醬，再擠上沙律醬，撒適量香葱粒即可。

烹飪竅門

麵餅不要攤得太厚，保持在2厘米以下就好，太厚不容易熟。出鍋之前用鏟子按壓麵餅中央，沒有流動性就表示麵餅已經熟了。

椰菜中含有較多的水份和膳食纖維，用它做餅，表皮酥脆，雞肉和雞蛋的加入讓餅的餡料更加豐富，外酥內軟的口感和厚實的形狀在清晨可以喚醒你的胃口。

大補能量

紅燒素排麵

簡單 35分鐘

主料

老豆腐▸150克
小棠菜▸2棵（約20克）
乾冬菇▸6朵（約10克）
手工麵▸100克

配料

生薑▸10克
大蒜▸4瓣
食用油▸50毫升（實際用20毫升）
小米椒▸3隻
生抽▸1湯匙
白糖▸半茶匙
老抽▸1茶匙
蠔油▸2克
雞精▸少許
鹽▸少許

參考熱量表

老豆腐	150克	174千卡
小棠菜	20克	5千卡
乾冬菇	10克	27千卡
手工麵	100克	133千卡
食用油	20毫升	180千卡
生薑	10克	5千卡
生抽	15毫升	3千卡
合計		**527千卡**

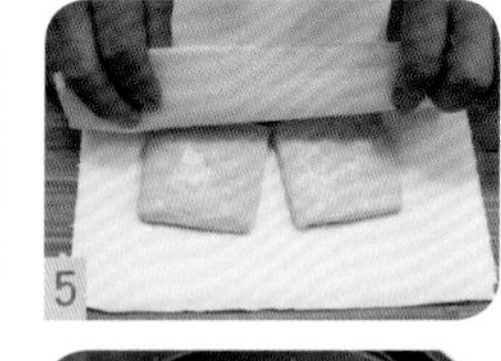

做法

1 乾冬菇洗淨、泡發，反覆清洗乾淨，用刀從中間切兩半；浸泡冬菇的水澄清後備用。
2 生薑洗淨，切成細末；大蒜去皮、洗淨，切細末；小棠菜洗淨、掰開；小米椒洗淨、切小粒，備用。
3 豆腐切成1厘米厚、6厘米長、6厘米寬的片，放入加了鹽的開水中氽燙一下，撈出瀝乾。
4 起平底鍋，加入食用油，轉動鍋身，將豆腐一個個平放在鍋中，用中火煎製。
5 一面煎至焦乾時，用鏟子翻面，煎另一面，兩面都煎至焦乾金黃後鏟出，放在吸油紙上吸乾油分。
6 鍋中留少許底油，燒至六成熱時，小火煸香蒜末、薑末和小米椒粒，加入冬菇和豆腐，大火翻炒。
7 翻炒均勻後倒入浸泡過冬菇的水，再加入適量清水、生抽、雞精、白糖，老抽和蠔油，大火煮開。
8 下入手工麵，煮至成熟，放入小棠菜，煮30秒，然後關火盛到碗中即可。

烹飪竅門

將浸泡冬菇的水留着燜煮時加進去，麵條湯的味道會更加香濃。

吃肉吃膩了？那就來點素的。老豆腐能提供優質的蛋白質，配搭小棠菜和冬菇，則可以彌補維他命的不足，使營養更均衡。頭天晚上把紅燒素排做好，在鍋裏浸泡一晚，讓湯汁與豆腐融合在一起，太入味了。

高顏值美味

番茄龍脷魚意大利粉

簡單 35分鐘

主料

長條意大利粉 ▸ 100克
龍脷魚 ▸ 150克
番茄 ▸ 1個（約150克）

配料

青椒 ▸ 1隻（約60克）
洋葱 ▸ 50克
黑胡椒粉 ▸ 半茶匙
橄欖油 ▸ 1湯匙
生抽 ▸ 1湯匙
雞精 ▸ 半茶匙
鹽 ▸ 2克
料酒 ▸ 1湯匙
生薑 ▸ 2片

參考熱量表

長條意大利粉	100克	360千卡
龍脷魚	150克	80千卡
番茄	150克	22千卡
青椒	60克	13千卡
洋葱	50克	20千卡
橄欖油	15毫升	135千卡
合計		**630千卡**

做法

1 龍脷魚洗淨，切塊，放入碗中，加入料酒和生薑片，抓拌均勻，醃製去腥。

2 青椒洗淨、去蒂，切成細絲；洋葱切成細絲，番茄洗淨、切成小塊，備用。

3 將意大利粉放入開水鍋中煮到八成熟，中間略有硬心，撈出瀝乾水份，拌少許橄欖油防黏。

4 炒鍋中倒入橄欖油，下入龍脷魚塊煸炒，炒至魚肉完全變白，盛出，放在一旁備用。

5 鍋中留底油，下入番茄塊，翻炒至番茄完全軟爛並有湯汁出來；接着下入青椒絲和洋葱絲翻炒，炒至蔬菜八成熟。

6 下入意大利粉和龍脷魚塊，翻炒均勻，加入鹽、雞精和生抽調味；翻炒均勻後盛出裝盤，撒入黑胡椒粉即可。

烹飪竅門

1. 龍脷魚經過醃製後可以很好地去除掉腥味。
2. 翻炒龍脷魚時一定要小心，不要把魚肉弄碎。

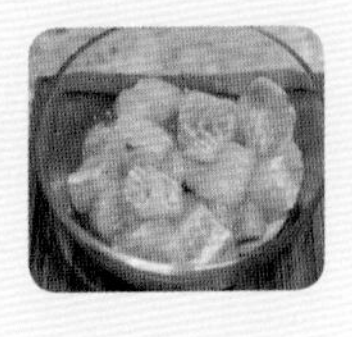

龍脷魚蛋白質含量豐富，脂肪低，肉質鮮嫩，烹飪起來極為方便。加入酸甜的番茄，配搭爽脆的青椒及口感彈牙的意大利粉，讓這道料理吃起來滋味豐富。烹飪高手當起來很容易！

嶺南特色小吃

鮮蝦雲吞麵

簡單 25分鐘

主料

幼麵（龍鬚麵）▶100克
鮮蝦雲吞▶10個（約100克）
新鮮大蝦▶5隻（約100克）
菜心▶2棵（約20克）

配料

香葱▶2棵
元貝▶10顆（約20克）
紫菜▶5克
白胡椒粉▶半茶匙
雞精▶3克
鹽▶3克
麻油▶1茶匙

做法

1 菜心洗淨，掰開；香葱洗淨，切成末，元貝洗淨，用剛好沒過的溫水浸泡；新鮮大蝦洗淨，去頭、去殼、去蝦腸。
2 起鍋加入適量清水燒開，放入紫菜和泡發好的元貝煮片刻。
3 一邊煮一邊加鹽、白胡椒粉、雞精調味，再放入大蝦，看到蝦肉顏色變紅後關火，即為海鮮湯汁。
4 另起一鍋，倒入清水燒開，先後放入雲吞、麵條，用大火煮開。
5 麵條煮開鍋後放入菜心，繼續用大火煮至麵條和雲吞成熟。
6 將麵條、雲吞、菜心撈出，放進做好的海鮮湯汁中，撒上香葱末，淋入麻油即可。

雲吞麵是廣東人喜愛的一道餐食，粵菜精緻，對麵湯的味道很是講究。用干貝和新鮮大蝦煮的海鮮湯汁非常鮮美，蛋白質含量豐富，同餡料飽滿的雲吞在一起，既補充營養，又容易消化。

參考熱量表

幼麵	100克	352千卡
鮮蝦雲吞	100克	187千卡
大蝦	100克	84千卡
菜心	20克	6千卡
元貝	20克	53千卡
麻油	5毫升	45千卡
合計		**727千卡**

烹飪竅門

麵條要比雲吞更容易成熟，所以先下入雲吞煮一會兒，再繼續放入麵條。

豐收的味道
什錦炒麵

簡單 25分鐘

主料
切麵▸200克
豬柳肉▸150克

配料
紅蘿蔔▸50克
小棠菜▸50克
洋葱▸50克
大蒜▸2瓣
生抽▸1茶匙
蠔油▸1茶匙
黑胡椒粉▸2克
白糖▸2克
生粉▸1茶匙
鹽▸2克
食用油▸10毫升

做法
1 紅蘿蔔去皮，洗淨，切細絲；小棠菜洗淨，沿着紋理豎切成細絲；洋葱去老，切窄條；大蒜去皮，切粒。
2 豬柳肉洗淨，切成3厘米長的細條，放入碗中，加入生粉和生抽，抓勻醃製10分鐘，備用。
3 湯鍋中加入足量水，水開後下入麵條，煮到七成熟，撈出過涼水，充分瀝乾。
4 中火加熱炒鍋，鍋內放入油，燒至六成熱時下入蒜粒，小火炒出香味。
5 下入豬肉，煸炒至肉色發白，接着下入紅蘿蔔絲和洋葱條，快速翻炒，隨後轉大火，下入小棠菜，快速炒勻後放入麵條。
6 接着加入蠔油、白糖、鹽、黑胡椒粉，大火快速炒勻即可出鍋。

參考熱量表

切麵	200克	266千卡
豬柳肉	150克	232千卡
紅蘿蔔	50克	16千卡
小棠菜	50克	9千卡
洋葱	50克	20千卡
食用油	10毫升	90千卡
合計		**633千卡**

烹飪竅門
1. 炒麵條的過程要一直使用大火，動作也要儘量迅速，炒勻即可。
2. 麵條煮熟後過一遍涼水，這樣炒出來的麵條更加乾爽、筋道。

最普通的蔬菜，配搭上簡單的麵條，再加上一顆想要認真烹飪的心，就可以成就一道豐盛的餐食。做好山珍海味不是大本事，能把最普通的家常菜做好才讓人欽佩。

清晨的盛宴

乾炒牛河

簡單 30 分鐘

主料

軟河粉 ▸ 150 克
牛柳肉 ▸ 150 克
綠豆芽 ▸ 50 克
韭菜 ▸ 80 克
洋葱 ▸ 50 克

配料

生薑 ▸ 2 片
料酒 ▸ 1 湯匙
老抽 ▸ 1 茶匙
蠔油 ▸ 1 茶匙
生抽 ▸ 10 毫升
綿白糖 ▸ 半茶匙
生粉 ▸ 2 茶匙
食用油 ▸ 1 湯匙
雞蛋白 ▸ 約 30 克

參考熱量表

軟河粉	150 克	330 千卡
牛柳肉	150 克	160 千卡
綠豆芽	50 克	8 千卡
韭菜	80 克	20 千卡
洋葱	50 克	20 千卡
雞蛋白	30 克	18 千卡
食用油	15 毫升	135 千卡
合計		**691 千卡**

做法

1 牛柳肉洗淨，切成 2 毫米厚的肉片；生薑片切成細絲。

2 將牛柳片放入碗中，加入料酒、老抽、生粉和雞蛋白，抓拌均勻，蓋上保鮮紙，放入冰箱冷藏醃製 15 分鐘。

3 綠豆芽剪去豆子，洗淨，瀝乾水份；洋葱去根、去老皮，切成粗絲；韭菜洗淨，切成 3 厘米長的段。

4 河粉冷水下鍋，水沸騰後煮約 30 秒，煮到河粉略發白即撈出，沖洗乾淨後瀝乾水份備用。

5 起鍋熱油，油溫升至六成熱時，放入薑絲爆香，再放入牛肉片煸炒，炒到肉色發白；接着下入洋葱條和豆芽，翻炒至八分熟。

6 放入煮好的河粉，加入生抽、蠔油和綿白糖，用筷子拌炒均勻；放入韭菜段，快速滑炒至八成熟，即可出鍋。

1

2

3

4

5

6

烹飪竅門

1. 醃製牛肉的時候加入蛋白和生粉，可以讓牛肉更滑嫩。
2. 韭菜是非常易熟的食材，所以一定要最後放入，稍微翻炒即可。

牛肉富含蛋白質，而脂肪含量低，有補中益氣的功效；河粉富含碳水化合物，能迅速為身體提供能量。把牛肉切得薄一些，入口滑嫩。週末時間充裕，何不做點好吃的慰勞自己。

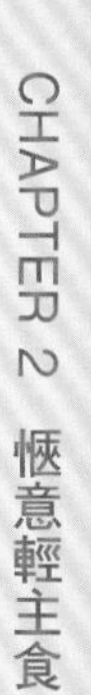

吃出女王氣勢

青豆牛肉通心粉

簡單 45 分鐘

主料

通心粉 ▸ 150 克
牛柳 ▸ 150 克
洋葱 ▸ 100 克
青豆 ▸ 100 克

配料

生抽 ▸ 1 湯匙
老抽 ▸ 1 茶匙
大蒜 ▸ 4 瓣
料酒 ▸ 1 湯匙
鹽 ▸ 2 克
黑胡椒碎 ▸ 1 茶匙
雞精 ▸ 半茶匙
生粉 ▸ 2 茶匙
食用油 ▸ 10 毫升

做法

1 牛柳切條，放入碗中，加鹽、料酒和生粉，用手抓勻，醃製 20 分鐘。
2 洋葱洗淨、切條；青豆洗淨；大蒜去皮後切粒，備用。
3 通心粉放入開水鍋中，煮到略有硬心，撈出後瀝乾水份，拌入少許食用油防黏。
4 炒鍋中放少許油，油燒至六成熱時下入牛柳，滑炒到變色，撈出。
5 鍋中留少許底油，下入洋葱條、蒜粒和青豆，翻炒到蔬菜發亮有油光。
6 下入通心粉和牛柳，加入生抽、老抽、雞精、黑胡椒碎，翻炒均勻即可。

黑胡椒和牛肉是一對完美搭檔，再配搭上略帶辛辣味的洋葱和散發着奇特香氣的青豆，美味不可阻擋。待自己如女王，就從這一道用心烹飪的料理開始。

參考熱量表

通心粉	150 克	526 千卡
牛柳	150 克	160 千卡
洋葱	100 克	40 千卡
青豆	100 克	111 千卡
食用油	10 毫升	90 千卡
合計		**927 千卡**

烹飪竅門

牛肉切好後多醃製一會兒，可以讓肉質吃起來更加軟嫩。

一口好滿足

冬菇雞肉飯

簡單 40分鐘

主料

雞腿肉 ▸ 2個（約165克）
乾冬菇 ▸ 6朵（約10克）
紅蘿蔔 ▸ 1根（約120克）
大米 ▸ 200克

配料

生抽 ▸ 1茶匙
蠔油 ▸ 1茶匙
生薑 ▸ 4片
綿白糖 ▸ 半茶匙
香葱 ▸ 1根

做法

1 乾冬菇提前用水泡發；將雞肉從腿骨上剔下來，去掉雞皮和白筋，切成略大的肉丁。如果喜歡吃雞皮也可以保留。
2 將雞腿肉放入碗中，加入蠔油、綿白糖、生抽和薑片，用手抓勻，醃製2小時以上。
3 冬菇洗淨、去蒂，切成小塊；紅蘿蔔去皮，切滾刀塊；香葱去根，切成小粒；大米淘洗乾淨。
4 將醃好的雞腿肉鋪在電飯鍋底部，上面放上切好的冬菇和紅蘿蔔。
5 最後鋪上大米，加入適量水，水和大米的比例是4：3，開煮飯功能鍵。
6 煮飯結束後，打開電飯鍋，將鍋內食材拌勻，出鍋前撒入適量香葱粒即可。

參考熱量表

雞腿肉	165克	300千卡
乾冬菇	10克	27千卡
紅蘿蔔	120克	38千卡
大米	200克	692千卡
合計		**1057千卡**

用電飯鍋做有肉有菜的飯很方便，食材扔進鍋裏，按下按鈕，基本不需要廚藝，營養卻很豐富。用這種方法做出來的雞肉不需要太多的調料就會特別香，原汁原味，最大限度地保留了營養。

烹飪竅門

雞肉一定要墊在最下面，否則電飯煲結束了煮飯程序，雞肉也是不能熟透的。

變廢為寶的驚喜

翠玉瓜肉鬆米餅

中等 30 分鐘

主料

米飯 ▸ 150 克
豬肉鬆 ▸ 30 克
翠玉瓜 ▸ 150 克
西蘭花 ▸ 50 克
雞蛋 ▸ 1 個（約 50 克）

配料

花生油 ▸ 10 毫升
鹽 ▸ 少許
千島醬 ▸ 20 克

參考熱量表

米飯	150 克	174 千卡
豬肉鬆	30 克	119 千卡
翠玉瓜	150 克	28 千卡
西蘭花	50 克	18 千卡
雞蛋	50 克	72 千卡
花生油	10 毫升	90 千卡
千島醬	20 克	48 千卡
合計		**549 千卡**

1

2

3

4

5

6

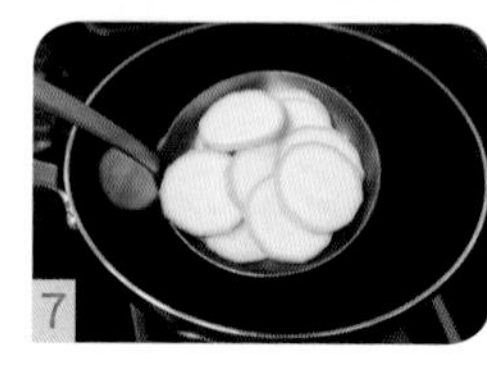
7

8

做法

1 將米飯撥散，不要有結塊；西蘭花放入淡鹽水中浸泡一會兒。
2 將西蘭花沖洗淨，切去根部，然後切成碎粒。
3 將西蘭花碎放入米飯中，打入一個雞蛋，加入少許鹽，攪拌均勻。
4 將不黏平底鍋加熱，在鍋底均勻刷上花生油。
5 將混合好的米飯用勺子輔助，煎成兩個厚約 1 厘米的薄餅，兩面都要煎成金黃色。
6 翠玉瓜洗淨，切去根部，再切成圓形的薄片。
7 翠玉瓜片放入煮沸的淡鹽水中汆燙 1 分鐘，撈出，瀝乾水份。
8 取一塊煎好的米餅，平鋪上燙好的翠玉瓜片，撒上豬肉鬆，淋上千島醬，再蓋上另一塊米餅即可。

烹飪竅門

1. 最好選擇隔夜的剩飯。保存剩飯時一定要將米飯蓋上保鮮紙放入冰箱冷藏，使用時提前半小時拿出來回溫。
2. 煎製米餅時一定要用小火，大火很容易讓米餅表面變焦。

剩米飯並非只能做蛋炒飯，稍微花點心思，就能變身成特別的米餅。在米飯中加入西蘭花，不僅味道更清新，顏色也很討喜。不需要花太多時間，也不需要很複雜的食材，就能為餐桌平添一份驚喜。

心靈與味覺的遠行

黑米粢飯糰

中等 25 分鐘

主料

大米 ▸ 100 克
黑糯米 ▸ 50 克
油條 ▸ 半根（約 35 克）
火腿 ▸ 50 克

配料

蘿蔔乾 ▸ 30 克
肉鬆 ▸ 50 克
熟花生仁 ▸ 適量
熟白芝麻 ▸ 適量

3

4

5

做法

1 黑糯米提前浸泡 2 小時以上，與大米一起蒸成米飯，水量要比平時蒸飯的量少。
2 將花生仁和蘿蔔乾切碎；火腿切成細條，備用。
3 壽司捲簾平放，上面覆蓋上保鮮紙，撒上適量白芝麻。
4 盛適量的溫熱糯米飯放到保鮮紙上，攤平，輕輕壓實，米飯不需要太多，能把餡料裹起來就可以。
5 在米飯上撒上一層肉鬆、適量花生仁碎和一些蘿蔔乾；正中央放上半根油條，緊挨着油條放上火腿條。
6 抓住壽司捲簾將飯糰捲起來，壓緊，去掉捲簾，將兩端保鮮紙擰緊，食用時去掉保鮮紙即可。

粢飯糰是很有代表性的上海早點，在北方的餐桌上並不常見。這種食物富含碳水化合物，可以隨身攜帶。偶爾做一下自己並不熟悉的食物，成就感會爆棚。從開始準備到送入口中，就像是心靈和味覺經歷了一次短暫的旅行。

參考熱量表

大米	100 克	346 千卡
黑糯米	50 克	170 千卡
油條	35 克	136 千卡
火腿	50 克	165 千卡
蘿蔔乾	30 克	20 千卡
肉鬆	50 克	198 千卡
合計		**1035 千卡**

烹飪竅門

如果家中沒有壽司捲簾，可以用厚度適中的雜誌替代，從書的釘口處開始捲起即可。

彩虹的味道
五彩飯糰

中等 30 分鐘

3

4

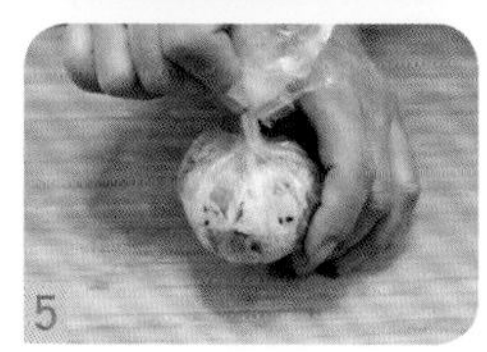
5

主料

米飯 ▸ 200 克

配料

紅蘿蔔 ▸ 50 克
乾冬菇 ▸ 2 朵（約 5 克）
火腿腸 ▸ 1 根（約 70 克）
萵筍 ▸ 50 克
雞精 ▸ 半茶匙
鹽 ▸ 1 茶匙
白胡椒粉 ▸ 1 茶匙
白芝麻 ▸ 適量
黑芝麻 ▸ 適量
腰果 ▸ 30 克
油 ▸ 少許

做法

1 紅蘿蔔、萵筍去皮，冬菇泡發、去蒂，洗淨；米飯加熱回溫；將蔬菜和火腿腸切成大小一樣的丁用。
2 炒鍋中放少許油，將蔬菜丁和火腿腸丁炒到略軟，加鹽、白胡椒粉、雞精、白芝麻和黑芝麻拌勻；炒好的配菜放入溫熱的米飯中，切拌均勻。
3 取一張大一些的保鮮紙，對摺使保鮮紙兩層重疊，增加韌性不易破。
4 將保鮮紙放在手掌上，挖一勺拌勻的米飯到保鮮紙中央，稍微壓平，在上面放兩粒腰果。
5 手掌攏起，將米飯包住，保鮮紙收口處擰緊，使飯糰成球狀。
6 去掉保鮮紙，將剩餘的拌飯按以上步驟都包成飯糰即可。

參考熱量表

米飯	200 克	232 千卡
乾冬菇	5 克	14 千卡
紅蘿蔔	50 克	16 千卡
火腿腸	70 克	148 千卡
萵筍	50 克	8 千卡
腰果仁	30 克	168 千卡
合計		**586 千卡**

烹飪竅門

做這種蔬菜小飯糰對於食材的選擇沒有限制，多使用色彩鮮豔的食材就可以。包裹起來的腰果也可以替換成核桃仁或者花生仁，也可以根據自己的喜好加入各類拌飯醬，注意調整鹽的用量即可。

腰果中富含不飽和脂肪酸，火腿腸中的蛋白質和米飯中的碳水化合物可賦予人體能量，用這些食材來做一頓早午餐，不光好吃也好看，讓你擁有活力四射的一天。

彷彿清晨的日出

辣白菜炒飯

簡單 20 分鐘

主料

白米飯 ▸ 1 碗（約 100 克）
辣白菜 ▸ 100 克
五花肉 ▸ 100 克
雞蛋 ▸ 1 個（約 50 克）

配料

大蒜 ▸ 4 瓣
綿白糖 ▸ 1 茶匙
食用油 ▸ 1 茶匙
白胡椒粉 ▸ 1 茶匙
料酒 ▸ 2 茶匙

參考熱量表

米飯	100 克	116 千卡
辣白菜	100 克	65 千卡
五花肉	100 克	395 千卡
雞蛋	50 克	72 千卡
綿白糖	5 克	20 千卡
食用油	5 毫升	45 千卡
合計		**713 千卡**

做法

1 辣白菜濾掉湯汁，湯汁放入碗中備用，辣白菜切成短絲，白菜絲過長不容易炒散。
2 大蒜去皮、切小粒；五花肉洗淨後切成薄片，備用。
3 中火加熱炒鍋，鍋中放入適量油。油溫升至六成熱時，下入肉片煸炒至微焦。
4 放入蒜粒煸炒出香味，淋入料酒，下入辣白菜絲，翻炒均勻。
5 加入白糖和辣白菜湯汁，放入米飯，將米飯炒散，加入白胡椒粉調味，炒勻後裝盤。
6 中火加熱平底鍋，鍋的溫度升至八成熱時，磕入 1 個雞蛋。
7 轉小火，鍋中加入 1 湯匙清水，蓋上鍋蓋，燜到雞蛋沒有流動性。
8 將煎好的雞蛋蓋在炒飯上即可食用。

烹飪竅門

1. 煎太陽蛋的時候鍋一定要夠熱，雞蛋接觸到鍋底可以馬上定型，煎出來的蛋才漂亮。
2. 五花肉本身含有一定的油脂，所以這道菜的油量一定不能多，否則會使炒飯吃起來口感發膩。

辣白菜可以加速人體代謝，促進食慾，炒過後仍能保持爽脆的口感，所以非常適合用來做炒飯。它也很容易保存，放在冰箱裏隨用隨取，再配上噴香的煎蛋，即使早上食慾不振，炒上一盤也能胃口大開。

溫暖不浮誇

韭菜蝦仁鍋貼

中等 45 分鐘

主料

豬肉碎（全瘦）▸ 200 克
新鮮大蝦 ▸ 10 隻（約 200 克）
韭菜 ▸ 100 克
餃子皮 ▸ 15 張（約 70 克）

配料

料酒 ▸ 1 湯匙
生抽 ▸ 1 湯匙
綿白糖 ▸ 半茶匙
大葱 ▸ 10 克
鹽 ▸ 適量
食用油 ▸ 10 毫升
雞精 ▸ 半茶匙
白胡椒粉 ▸ 半茶匙
麻油 ▸ 1 茶匙

參考熱量表

豬肉碎	200 克	286 千卡
大蝦	200 克	168 千卡
韭菜	100 克	25 千卡
餃子皮	70 克	184 千卡
麻油	5 毫升	45 千卡
食用油	10 毫升	90 千卡
合計		**798 千卡**

1

2

3

4

5

6

7

8

做法

1 韭菜洗淨後瀝乾水份，切成小粒；大葱去根、去皮，切成葱末。
2 豬肉碎中加入葱末、料酒、生抽、綿白糖、鹽、麻油、雞精和白胡椒粉，順一個方向攪打上勁。
3 大蝦洗淨，去掉頭尾、去殼，蝦腸，留下蝦仁備用。韭菜粒放入豬肉餡中，攪拌均勻。
4 取一片餃子皮，將肉餡放在上面，然後再放上一個蝦仁。
5 在餃子皮邊緣抹上水，捏緊，兩端不要封口。
6 平底鍋中倒入少許食用油，將包好的鍋貼直接放在平底鍋中。
7 鍋貼碼好後，開中火加熱平底鍋。煎至鍋貼底面略金黃後倒入 2 湯匙清水，蓋上鍋蓋燜煎。
8 待鍋內湯汁收乾後，再倒入 1 湯匙清水，水燒開後關火。出鍋時底部金黃的一面朝上即可。

烹飪竅門

韭菜提前放入肉餡中容易出湯，所以在包之前放進肉餡即可。

吃過那麼多餡料，可念念不忘的還是韭菜和蝦仁。二者互相襯托，簡單不浮誇，一口下去，滿口鮮香。韭菜中富含膳食纖維，寬腸利便，吃多也不用擔心會長胖。

鮮香好包包

豬肉大蔥包

簡單 90 分鐘

主料

麵粉 ▸ 200 克
豬肉（全瘦）▸ 300 克
大蔥 ▸ 1 根（約 50 克）

配料

料酒 ▸ 1 湯匙
老抽 ▸ 1 茶匙
生抽 ▸ 1 湯匙
生薑 ▸ 5 克
雞精 ▸ 半茶匙
麻油 ▸ 1 茶匙
綿白糖 ▸ 半茶匙
白胡椒粉 ▸ 半茶匙
鹽 ▸ 適量
酵母粉 ▸ 3 克

參考熱量表

麵粉	200 克	732 千卡
豬肉	300 克	429 千卡
麻油	5 毫升	45 千卡
大蔥	50 克	14 千卡
合計		**1220 千卡**

1

2

3

4

5

6

做法

1 用溫水融解酵母粉，分次加入到混有白糖的麵粉中，揉成光滑的麵糰，置於溫暖處發酵到 2 倍大小。
2 大蔥去根、去皮，切碎；生薑切末；豬肉剁成碎；豬肉碎中加入薑末、料酒、生抽、老抽、白胡椒粉、雞精、麻油和鹽，順一個方向攪打上勁。
3 發好的麵糰放在面板上按壓排氣、揉圓，繼續醒 15 分鐘。然後分成小劑子，擀成包子皮。
4 將葱末放入豬肉餡中，攪拌均勻。
5 將包子一個個包好，放在蒸屜上二次發酵，發酵時間約 15 分鐘。
6 蒸鍋中倒入涼水，將包子入鍋，上汽後繼續蒸 15 分鐘，關火後不要打開鍋蓋，悶 5 分鐘後將包子取出。

烹飪竅門

提前放大葱會容易出水，包之前才放入肉餡內即可。

豬肉和大葱做餡，是很常見的組合，豬肉滋陰潤燥，豐澤肌膚，加上發酵過的麵皮，更容易消化吸收。包子潔白柔軟，內餡鮮美，口感極富層次。

如花似玉

蒸燒賣

簡單 40 分鐘

主料

餃子皮 ▸ 15 張（約 70 克）
豬肉（全瘦）▸ 150 克
糯米 ▸ 150 克
紅蘿蔔 ▸ 1 根（約 120 克）
泡發木耳 ▸ 5 朵（約 50 克）
鮮冬菇 ▸ 3 朵（約 30 克）
粟米粒 ▸ 50 克
青豆粒 ▸ 50 克

配料

鹽 ▸ 3 克
生薑 ▸ 1 塊
香葱 ▸ 2 根
橄欖油 ▸ 少許
蠔油 ▸ 1 茶匙
雞精 ▸ 半茶匙
白糖 ▸ 半茶匙
雞蛋 ▸ 1 個（約 50 克）

參考熱量表

食材	重量	熱量
餃子皮	70 克	184 千卡
豬肉	150 克	214 千卡
糯米	150 克	525 千卡
紅蘿蔔	120 克	38 千卡
泡發木耳	50 克	14 千卡
鮮冬菇	30 克	8 千卡
粟米粒	50 克	56 千卡
青豆粒	50 克	56 千卡
雞蛋	50 克	72 千卡
合計		**1167 千卡**

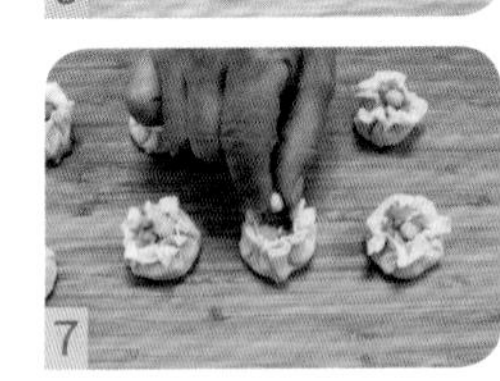

做法

1 泡發木耳洗淨，切成碎粒；青豆洗淨；紅蘿蔔、冬菇分別洗淨，切成碎粒，單獨留一小匙紅蘿蔔丁和青豆粒備用。
2 生薑洗淨，切成末；香葱洗淨，切成末。糯米洗淨後用溫水泡漲，瀝乾水份備用。
3 豬肉去皮後洗淨，切成小丁，再剁成肉末。
4 豬肉碎放入盆中，磕入雞蛋，用筷子順着一個方向攪拌均勻，直至肉餡上勁。
5 肉餡中加入薑末、葱末、橄欖油、蠔油、雞精、白糖和鹽。
6 再加入紅蘿蔔丁、木耳丁、冬菇丁、青豆粒、粟米粒、糯米攪拌均勻，製成燒賣餡。
7 將餡料放在餃子皮中間，將每個餃子皮的周圍向中間摺起封口，封好後用單獨留出來的青豆粒和紅蘿蔔丁做裝飾點綴。
8 起蒸鍋，加水燒開後，將燒賣放在蒸屜上，蒸製 20 分鐘左右即可。

烹飪竅門

肉餡中加入雞蛋可以讓肉質更鮮嫩，攪拌均勻後再加入蔬菜並滴入橄欖油，可以鎖住蔬菜中的水份，讓燒賣吃起來更加爽口。

這道主食富含碳水化合物、蛋白質、維他命和多種礦物質，營養很全面。雖然感覺像是麵皮就着米飯吃，裏外都是糧食，但內餡做成鹹口的，與豬肉混合，口感彈牙，肉香滿滿，還真的很特別。

餃子的春天

抱蛋牛肉煎餃

中等 45分鐘

主料

雞蛋 ▸ 2個（約100克）
牛肉碎（全瘦）▸ 250克
餃子皮 ▸ 8張（約80克）

配料

紅蘿蔔 ▸ 150克
生抽 ▸ 1湯匙
料酒 ▸ 1湯匙
雞精 ▸ 1茶匙
鹽 ▸ 2克
老抽 ▸ 1茶匙
白胡椒粉 ▸ 2茶匙
生薑 ▸ 4片
大葱 ▸ 10克
麻油 ▸ 1茶匙
食用油 ▸ 適量
香葱末 ▸ 適量

參考熱量表

餃子皮	80克	174千卡
雞蛋	100克	144千卡
牛肉碎	250克	265千卡
紅蘿蔔	150克	48千卡
大葱	10克	3千卡
麻油	5毫升	135千卡
合計		**769千卡**

1

2

3

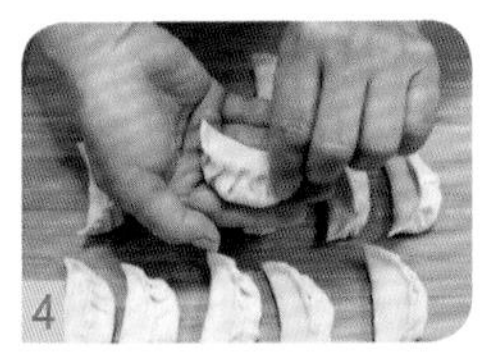
4

5

6

7

8

做法

1 紅蘿蔔洗淨、去皮，刨成細絲；大葱和生薑分別洗淨，剁成碎末；雞蛋打散成雞蛋液。
2 牛肉碎放入盆中，加入生抽、料酒、老抽、雞精、白胡椒粉、葱末和薑末，攪拌均勻。
3 接着在牛肉餡中加入紅蘿蔔絲、麻油、鹽，順一個方向攪拌至牛肉餡上勁。
4 取一片餃子皮，挖一勺肉餡，包成餃子，將餃子全部包好。
5 平底鍋中倒入適量油，將餃子放在鍋中，開中火。
6 當餃子底面煎至略微金黃時，倒入適量清水，水量大概沒過餃子的1/3，蓋上鍋蓋燜煎。
7 等到鍋中水燒乾，餃子皮鼓起時，倒入打散的蛋液，轉動鍋，使蛋液均勻分佈。
8 蛋液定型後關火，晃動鍋，使蛋餅與鍋分離，然後將蛋餅和煎餃一起沿着鍋邊滑到盤中，撒少許香葱末點綴即可。

烹飪竅門

調餡的時候可以先不放蔬菜和鹽，在包之前再放，可以避免餡料出水。

普普通通的餃子，換一種烹飪方式，馬上就呈現出不一樣的味道。以水汽薰蒸，餃子的底部酥脆金黃，這種做法既不用擔心餃子會被煮破，還能吃到煎蛋，一舉兩得，省時又省力。

迷你小杯子
雲吞皮雞蛋杯

簡單 30 分鐘

主料

雲吞皮 ▸ 10 張（約 50 克）
雞蛋 ▸ 2 個（約 100 克）
西蘭花 ▸ 50 克
紅甜椒 ▸ 50 克
粟米粒 ▸ 50 克
香腸 ▸ 100 克
芝士片 ▸ 3 片（約 20 克）
麵包 ▸ 1 片（約 60 克）

配料

黑胡椒粉 ▸ 半茶匙
鹽 ▸ 2 克
馬蘇里拉芝士碎 ▸ 20 克
食用油 ▸ 少許

參考熱量表

雲吞皮	50 克	134 千卡
雞蛋	100 克	144 千卡
西蘭花	50 克	18 千卡
紅甜椒	50 克	11 千卡
粟米粒	50 克	56 千卡
香腸	100 克	508 千卡
芝士片	20 克	66 千卡
麵包	60 克	167 千卡
馬蘇里拉芝士碎	20 克	61 千卡
合計		**1165 千卡**

做法

1 西蘭花洗淨，切成小朵；紅甜椒去蒂、去籽，切丁；香腸切成小片；麵包切成小方塊；芝士片切成大塊；焗爐預熱 180℃。
2 雞蛋打散，加入黑胡椒粉和鹽，再加入西蘭花、粟米粒、紅椒丁、香腸片和麵包塊拌勻。
3 瑪芬模具上刷一點油，鋪上雲吞皮。
4 將攪拌均勻的蔬菜均勻填入雲吞皮，放入切好的芝士塊。
5 接着再鋪上一層蔬菜，再撒上馬蘇里拉芝士碎。
6 放入焗爐中焗 20 分鐘，至雲吞皮表面略微焦黃後取出即可。

烹飪竅門

芝士碎不要放得太多，否則焗後溢出來會黏住焗盤邊，增加取出的難度，同時模具上也一定要刷油。

以為雲吞皮只能拿來包雲吞，那你就大錯特錯了。稍加變化就可以做成西餐，雞蛋和芝士的結合開啟一天的力量之源。生活也如同烹飪一樣，充滿了改變的機會，看似微小的改變，卻能帶來全新的局面。

蛋香四溢

黃金饅頭

簡單 25 分鐘

主料

隔夜饅頭 ▸ 1 個（約 50 克）
雞蛋 ▸ 1 個（約 50 克）

配料

紅蘿蔔 ▸ 50 克
紅甜椒 ▸ 50 克
青甜椒 ▸ 50 克
香葱 ▸ 1 根
食用油 ▸ 適量
白胡椒粉 ▸ 2 茶匙
鹽 ▸ 半茶匙

參考熱量表

饅頭	50 克	112 千卡
雞蛋	50 克	72 千卡
紅蘿蔔	50 克	16 千卡
青甜椒	50 克	11 千卡
紅甜椒	50 克	11 千卡
合計		**222 千卡**

1

2

3

4

5

6

7

8

做法

1 將隔夜饅頭切成約 5 厘米見方的丁；香葱洗淨，切成小粒。
2 紅蘿蔔洗淨，切成與饅頭相匹配的小方丁；青甜椒和紅甜椒分別洗淨，也切成與紅蘿蔔丁大小類似的丁。
3 雞蛋磕入碗中，打散成雞蛋液，放入饅頭丁拌勻，使每一塊饅頭都均勻包裹上蛋液。
4 中火加熱炒鍋，放入適量食用油，油溫升至六成熱時下入饅頭丁。先不要翻炒，讓饅頭表面的蛋液定型。
5 蛋液定型後用鏟子翻動饅頭丁，使其受熱均勻，翻炒到饅頭丁金黃鬆軟後，盛在碗裏備用。
6 鍋中留少許底油，煸香香葱粒，下入紅蘿蔔丁翻炒至八成熟。
7 接着下入青椒丁和紅椒丁翻炒。
8 最後下入饅頭丁，加入鹽和白胡椒粉調味，翻炒均勻即可。

烹飪竅門

饅頭丁不要在蛋液中浸泡太久，否則吸入太多水份容易碎，炒出來的饅頭口感太濕軟。如果蛋液裹多了，那就多炒一會兒，讓蛋液充分凝固。

隔夜饅頭重新蒸一遍，味道太單調；炸呢？又太油膩。那就裹上雞蛋液炒一下吧，蛋香四溢，配搭上維他命含量豐富的蔬菜，味道很好。

補氣養血好選擇

紅糖堅果發糕

中等 50分鐘

主料

低筋麵粉 ▸ 300克

核桃仁 ▸ 150克

配料

紅棗 ▸ 10顆（約50克）

雞蛋 ▸ 2個（約100克）

酵母粉 ▸ 5克

泡打粉 ▸ 3克

紅糖 ▸ 80克

食用油 ▸ 少許

參考熱量表

低筋麵粉	300克	960千卡
核桃仁	150克	969千卡
紅棗	50克	158千卡
雞蛋	100克	144千卡
紅糖	80克	311千卡
合計		**2542千卡**

1

2

3

4

5

6

7

8

做法

1 將紅棗洗淨，去掉棗核；核桃仁用刀切碎。

2 酵母粉和紅糖加入到220毫升35℃的溫水中融解。

3 將低筋麵粉倒入小盆中，加入泡打粉和核桃碎，磕入雞蛋。

4 將紅糖酵母水倒在麵粉盆中，一邊加一邊攪拌，形成質地均勻、沒有乾粉的麵糊。

5 在耐熱的容器中刷上一層薄薄的食用油，容器的大小大概是麵糊體積的2倍。

6 將麵糊倒入塗了油的容器中，蓋上保鮮紙，發酵到麵糊變為原來的2倍高。

7 蒸鍋上汽，將發酵好的麵糊放入蒸鍋中，撕掉保鮮紙，在表面撒上紅棗。

8 入鍋蒸20分鐘，關火後悶4分鐘，取出放涼後用小刀沿着容器邊劃一圈，脱模倒出即可。

烹飪竅門

1. 水的溫度與手的溫度接近即可，溫度過高會影響酵母的活性。
2. 加入酵母的麵食，在蒸熟後一定不能馬上開蓋，關火後要悶3分鐘以上，否則蒸好的麵食驟然遇冷會回縮。

自己做發糕，可以加點配料試試看，紅糖的味道很特別，堅果更是帶有奇特的香味。紅棗蒸後飽滿多汁，甜甜蜜蜜，補氣又養血。每次多蒸一點，吃不了就放在冰箱裏，想吃時再蒸一下，真的很方便！

化繁為簡

炙焗雞胸三文治

簡單 40分鐘

主料

新鮮雞小胸 ▸ 150克
多士 ▸ 2片（約120克）
芝士片 ▸ 1片（約20克）
生菜葉 ▸ 30克
青瓜 ▸ 50克

配料

黑胡椒粉 ▸ 半茶匙
生抽 ▸ 1湯匙
生粉 ▸ 2茶匙
千島醬 ▸ 10克

參考熱量表

雞胸肉	150克	200千卡
多士	120克	334千卡
芝士片	20克	66千卡
生菜葉	30克	4千卡
青瓜	50克	8千卡
千島醬	10克	24千卡
合計		**636千卡**

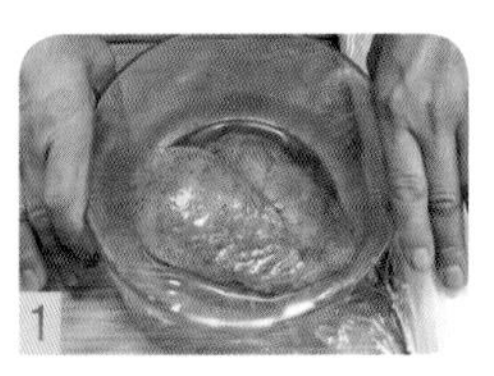

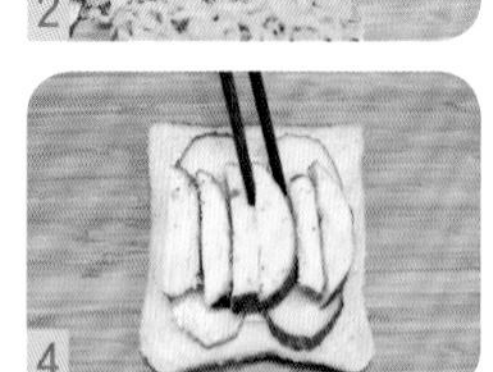

做法

1 將雞胸肉洗淨，放入碗中，加入生抽、生粉、黑胡椒粉，抓拌均勻，蓋上保鮮紙，入冰箱冷藏醃製20分鐘。
2 生菜葉洗淨，瀝乾水份，切成細絲；青瓜洗淨，斜切成薄片；焗爐預熱180℃。
3 將雞胸肉放入預熱好的焗爐中焗製15分鐘；雞胸肉熟後拿出，晾涼後橫切成粗條，備用。
4 取一片多士，鋪上芝士片、青瓜片，再放上雞胸肉條。
5 撒上生菜絲，擠上千島醬，蓋上另一片多士，用手壓好、固定，對半切開。
6 切口向上，放入疊好的紙盒內即可。

烹飪竅門

攝入太多鹽分會對身體造成很大負擔，在醃製雞胸肉時，因為已經放了生抽，所以可以不用再加鹽了。

醃好的雞胸肉吃起來口感不僅不柴，反而更香嫩，配搭嫩綠的青瓜和富含蛋白質的芝士片，整齊的切面就像是一幅美麗的畫作。這一份，就可以滿足你對美味和營養的全部需求。

駐顏美容餐

牛油果雞蛋貝果三文治

簡單 20分鐘

主料

全麥貝果▶1個（約85克）
牛油果▶80克
雞蛋▶1個（約50克）
紅蘿蔔▶50克

配料

黑胡椒碎▶適量
千島醬▶15克
鹽▶少許

參考熱量表

全麥貝果	85克	230千卡
牛油果	80克	137千卡
雞蛋	50克	72千卡
紅蘿蔔	50克	16千卡
千島醬	15克	36千卡
合計		**491千卡**

1

2

3

4

5

6

7

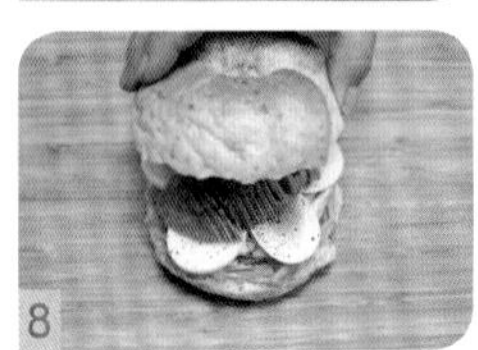
8

做法

1 雞蛋煮熟，過兩遍涼水，浸泡冷卻，剝殼後用切蛋器切成片。
2 紅蘿蔔洗淨，用擦絲器擦成細絲，放入純淨水中浸泡。
3 牛油果從中間切開，取出果核，用匙子緊貼果皮將果肉挖出，將果肉切成薄片，儘量保持整齊的形狀。
4 用刀將貝果從中間片成兩半。
5 取底部的貝果，放在案板上，先鋪上紅蘿蔔絲，擠上千島醬。
6 放入切好的雞蛋片。
7 然後放上牛油果片，輕輕壓，使切片散開，撒上少許黑胡椒碎和鹽。
8 蓋上另一片貝果，即可食用。

烹飪竅門

食材要放整齊，儘量鋪滿貝果，但不要超過邊際，如果在減脂期間想控制熱量攝入，也可以不放千島醬。

貝果三文治近兩年來非常流行，這種圓形的麵包具有異域風情，吃法多樣，口感也極富韌性。橫切成兩個圓，可以塗抹果醬，或者直接配搭自己喜歡的食材做成三文治。一口咬下去，滿足感無法用言語形容，只有吃過的人才懂。

巨大的驚喜

巨無霸漢堡

複雜 40分鐘

主料

牛柳肉 ▸ 150 克
雞蛋 ▸ 1 個（約 50 克）
粟米粒 ▸ 15 克
青豆 ▸ 15 克
紅蘿蔔丁 ▸ 15 克
漢堡扒 ▸ 2 片（約 100 克）

配料

黑胡椒粉 ▸ 半茶匙
鹽 ▸ 2 茶匙
料酒 ▸ 2 茶匙
生菜葉 ▸ 2 片
番茄 ▸ 1 個（約 150 克）
沙律醬 ▸ 適量
食用油 ▸ 少許

參考熱量表

牛柳肉	150 克	160 千卡
雞蛋	50 克	72 千卡
粟米粒	15 克	17 千卡
青豆粒	15 克	17 千卡
紅蘿蔔丁	15 克	5 千卡
漢堡扒	100 克	284 千卡
番茄	150 克	22 千卡
合計		**577 千卡**

1

2

3

4

5

6

7

8

做法

1 牛柳肉洗淨，先切成小塊，再剁成牛肉碎，放入碗中。
2 牛肉碎中加入黑胡椒粉、鹽和料酒，磕入雞蛋，攪打至調料與肉完全融合、上勁發黏。
3 加入粟米粒、青豆和紅蘿蔔丁，攪拌均勻。
4 將牛肉餡平均分成兩份，揉成肉丸子，用手掌壓成肉餅。
5 平底鍋放入少量油，中小火將牛肉餅煎熟。
6 生菜葉洗淨、瀝乾水份；番茄洗淨，橫切成番茄片。
7 將漢堡扒下面那片放在案板上，放上煎好的牛肉餅和生菜葉。
8 擠上適量沙律醬，再放上番茄片，蓋上另一片漢堡扒即可。

烹飪竅門

肉餅裏的蔬菜丁可以直接用冷凍的混合蔬菜丁，做好的牛肉餅用保鮮袋裝好，冷凍可保存 1 個月，吃的時候直接煎。但是冷凍過會不易煎熟，需要加少許清水，蓋上鍋蓋，燜煎一會兒。

白己做的漢堡，絕對比賣的更好吃，最重要的是肉多，吃起來更滿足！週末的時候多做幾塊肉餅冷凍起來，即使在忙碌的工作日，清晨也能吃上營養均衡又美味的早餐。

盡享異國風情

楓糖雜果法式長麵包

簡單 25分鐘

主料

法式長麵包 ▸ 50克
香蕉 ▸ 1小根（約65克）
奇異果 ▸ 1個（約50克）
橙 ▸ 1個（約120克）
綜合堅果 ▸ 30克

配料

楓糖漿 ▸ 10毫升
牛油 ▸ 10克
酸奶沙律醬 ▸ 25克
白砂糖 ▸ 少許

參考熱量表

法式長麵包	50克	107千卡
香蕉	65克	60千卡
奇異果	50克	30千卡
橙	120克	58千卡
綜合堅果	30克	160千卡
牛油	10克	89千卡
楓糖漿	10毫升	37千卡
酸奶沙律醬	25克	52千卡
合計		**593千卡**

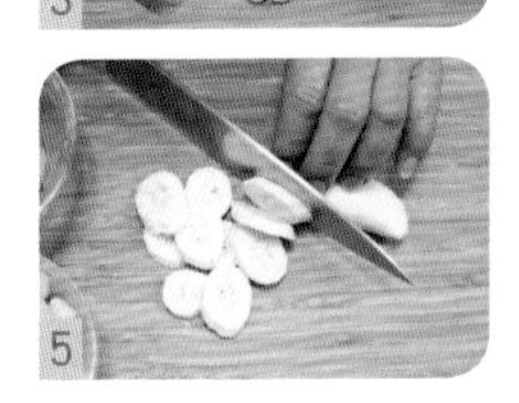

做法

1 焗爐180℃預熱；法式長麵包斜切成1厘米厚的薄片。
2 牛油放入小碗，加入楓糖漿，用微波爐高火加熱20秒鐘，化成液體狀。
3 用刷子在切好的法式長麵包上面刷一層牛油楓糖漿，撒上少許白砂糖。
4 將刷好糖漿的法式長麵包切成1厘米見方的小塊，放入焗爐中層，烘焗10分鐘。
5 橙去皮、取出果肉，切成1厘米見方的小塊；香蕉去皮，切成0.5厘米的薄片；奇異果去皮，切成1厘米見方的小塊。
6 將切好的水果和焗好的楓糖法式長麵包塊一起放入沙律碗，澆上酸奶沙律醬，撒上堅果即可。

烹飪竅門

1. 目前市售的袋裝綜合堅果根據每日應當攝入量進行了分裝，非常方便，也可以根據自己的喜好放入果脯等。
2. 法式長麵包放入焗爐焗製時，要注意有楓糖漿的一面朝上。

楓糖漿香甜如蜜，風味獨特，富含多種礦物質，是極具特色的天然營養佳品。法式長麵包經過它的修飾，也變得香甜無比，配上豐富的水果和綜合堅果，特別饞甜品的時候不妨來上一盤，解饞又不長肉。

創意小改良

黃金多士卷

複雜 30分鐘

主料

鐵棍山藥 ▸ 100克
多士麵包 ▸ 2片（約120克）
香蕉 ▸ 1根（約90克）
雞蛋 ▸ 1個（約50克）

配料

煉奶 ▸ 2茶匙
牛奶 ▸ 1湯匙
食用油 ▸ 適量

參考熱量表

鐵棍山藥	100克	55千卡
多士麵包	120克	334千卡
香蕉	90克	84千卡
雞蛋	50克	72千卡
煉奶	10克	38千卡
牛奶	15毫升	8千卡
合計		**591千卡**

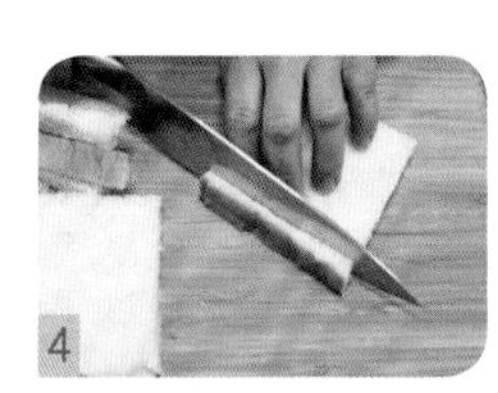
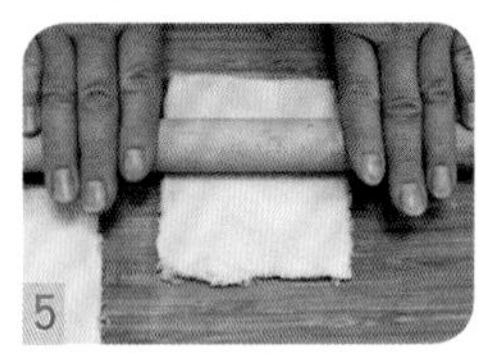
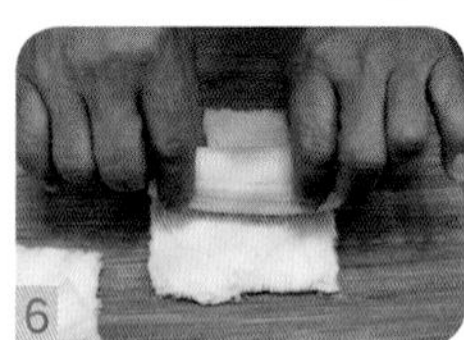

做法

1 山藥洗淨、去皮，切成小塊，放入碗中；雞蛋打散攪成蛋液。
2 蒸鍋上汽，放入裝有山藥的碗，大火蒸15~20分鐘後取出。
3 將山藥用勺子壓成泥，加入牛奶和煉奶，攪拌均勻。
4 將多士片切掉四邊；香蕉去皮，對半剖開成兩條。
5 將多士放在案板上，用擀麵杖壓扁，增加多士的韌性。
6 取一片多士，將牛奶山藥泥均勻塗抹在表面，放上半條香蕉。
7 將多士片借助壽司簾捲起壓實；用刷子在表面均勻刷上一層雞蛋液。
8 平底鍋燒熱，薄薄刷上一層油，放入刷了蛋液的多士卷煎製；待多士卷一面煎成金黃色後，翻過來煎另一面，煎至兩面金黃即可。

烹飪竅門

1. 一定要用白麵包，全麥類的麵包容易碎，沒有韌性，不容易成卷。
2. 如果多士片比較乾，可以放在蒸鍋中，利用蒸山藥殘餘的水蒸氣使多士片變軟，捲的時候就不容易斷裂了。

吃山藥的好處很多，但只會用來煮着吃或炒着吃，味道清淡、缺少變化。將山藥碾成泥，佐以煉奶和牛奶，再捲上香蕉，平淡樸素的山藥就能變成精緻的甜點，從裏到外都是那麼軟嫩甜蜜。

華麗變身

多士披薩

簡單 25 分鐘

主料

多士 ▸ 2 片（約 120 克）
煙肉 ▸ 2 片（約 40 克）

配料

混合蔬菜丁 ▸ 30 克
紅椒 ▸ 15 克
蘑菇 ▸ 2 個（約 15 克）
奶油白醬 ▸ 20 克
馬蘇里拉芝士絲 ▸ 10 克

做法

1 煙肉切成寬條；紅椒去蒂、去籽，切細條；蘑菇去蒂、去片。
2 焗爐預熱 150℃；兩片多士平放在焗爐焗盤上，分別在兩片多士上塗勻奶油白醬。
3 取一半的芝士絲，均勻撒在多士片上。
4 將紅椒條、蘑菇片、混合蔬菜丁鋪在芝士上。
5 撒上煙肉條，最上面再鋪上一層芝士絲。
6 將焗盤放入預熱好的焗爐中，烘焗約 15 分鐘，直到表面的芝士略微變焦即可取出。

披薩好吃，做起來卻有點麻煩，想簡單一點，那就讓多士來幫忙吧。烘焗過的多士口感柔軟，上面鋪滿了豐富的餡料，簡單的操作卻帶來豐富的味覺體驗。

參考熱量表

食材	重量	熱量
多士	120 克	334 千卡
煙肉	40 克	72 千卡
混合蔬菜丁	30 克	8 千卡
紅椒	15 克	3 千卡
蘑菇	15 克	7 千卡
奶油白醬	20 克	26 千卡
馬蘇里拉芝士	10 克	29 千卡
合計		**479 千卡**

烹飪竅門

1. 儘量選擇厚一點的多士片做多士披薩，才能達到外脆內軟的口感。
2. 可以根據自己的喜好選擇醬料，將奶油白醬換成番茄紅醬也是可以的。

CHAPTER

3

輕食助力好身材

一盤就吃飽
焗南瓜雞肉沙律

簡單 30 分鐘

主料

南瓜 ▸ 200 克
雞腿肉 ▸ 1 個（約 100 克）
洋葱 ▸ 50 克
西蘭花 ▸ 50 克
紅蘿蔔 ▸ 50 克

配料

料酒 ▸ 1 湯匙
橄欖油 ▸ 10 克
鹽 ▸ 少許
黑胡椒碎 ▸ 半茶匙
黑椒汁 ▸ 25 毫升

參考熱量表

南瓜	200 克	46 千卡
雞腿肉	100 克	181 千卡
洋葱	50 克	20 千卡
西蘭花	50 克	18 千卡
紅蘿蔔	50 克	16 千卡
橄欖油	10 克	90 千卡
黑椒汁	25 毫升	21 千卡
合計		**392 千卡**

1

2

3

4

5

6

做法

1 焗爐 180℃預熱；南瓜洗淨，切成小塊，撒上少許鹽和黑胡椒碎拌勻；將南瓜放入焗盤中，中層烘焗 25 分鐘。
2 雞腿肉剔去腿骨，切成 5 厘米見方的丁，如果喜歡吃雞皮可以保留，雞腿丁放入碗中，倒入料酒，醃製 5 分鐘。
3 洋葱洗淨、去皮、去根，切成 2 厘米左右的小塊；西蘭花去梗，切分成適口的小朵，放入淡鹽水中浸泡洗淨，瀝乾水份；紅蘿蔔洗淨、去根，切成棱形片。
4 將西蘭花和紅蘿蔔放入煮沸的淡鹽水中，汆燙 1 分鐘後撈出，瀝乾水份。
5 炒鍋燒熱，加入適量橄欖油，放入醃製好的雞肉進行煸炒，炒 2 分鐘左右，至雞肉完全熟透。
6 將焗好的南瓜、炒好的雞肉、洋葱塊、西蘭花和紅蘿蔔一起放入盤中，均勻淋入黑椒汁，食用時攪拌均勻即可。

烹飪竅門

這道沙律中的雞腿肉也可以換成雞胸肉，但因為雞胸肉的口感略柴，所以要增加醃製的時間，這樣才能炒出嫩滑可口的雞肉。

南瓜中含有南瓜多醣、果膠及多種氨基酸，常吃可以起到降血糖的作用。配搭滑嫩的焗雞腿肉，配上五彩斑斕的蔬菜，這道沙律色香味俱全，極富創意，給生活增添了很多色彩。

美味低熱量

秋葵雞胸肉沙律

簡單 40分鐘

主料

秋葵 ▸ 100 克

雞胸肉 ▸ 150 克

配料

粟米粒 ▸ 50 克

豇豆 ▸ 4 根（約 100 克）

油醋汁 ▸ 30 毫升

橄欖油 ▸ 5 毫升

黑胡椒碎 ▸ 適量

鹽 ▸ 少許

料酒 ▸ 1 湯匙

參考熱量表

秋葵	100 克	25 千卡
雞胸肉	150 克	200 千卡
粟米粒	50 克	56 千卡
豇豆	100 克	33 千卡
油醋汁	30 毫升	55 千卡
橄欖油	5 毫升	45 千卡
合計		**414 千卡**

1

2

3

4

5

6

做法

1 將雞胸肉洗淨，從側面切開，切成薄薄的兩片，加入料酒和黑胡椒碎，醃製片刻；豇豆洗淨，擇去頭尾，切成小粒。

2 將秋葵洗淨，放入煮沸的淡鹽水中汆燙 1 分鐘，瀝水、晾涼。

3 將粟米粒洗淨，也放入煮沸的淡鹽水中，保持沸騰汆燙 1 分鐘，撈出，瀝乾水份。

4 不黏鍋燒熱，刷一層橄欖油，放入醃漬好的雞胸肉，煎至兩面呈金黃色。

5 將雞胸肉盛出晾涼，沿短邊切成 1 厘米寬的條狀。

6 將雞胸肉盛出晾涼，沿短邊切成 1 厘米寬的條狀。

烹飪竅門

豇豆是可以生食的豆角品種，無毒。但是如果不喜歡生豆角的味道，可以放入沸水中汆燙一下，時間不宜過長，1 分鐘即可，煮得過爛會影響沙律的口感。

經過醃製的雞胸肉口感更加嫩滑，配上高纖維的粟米粒、脆生生的豇豆和秋葵，解饞飽腹又沒有熱量負擔。

彷彿繽紛畫卷

泰式大蝦西柚沙律

簡單 25 分鐘

主料

葡萄柚 ▸ 1 個（約 300 克）
草蝦 ▸ 8 隻（約 160 克）

配料

白醋 ▸ 1 湯匙
生薑 ▸ 10 克
檸檬汁 ▸ 20 毫升
橄欖油 ▸ 2 茶匙
黑胡椒碎 ▸ 適量
蘆筍 ▸ 2 根（約 30 克）
鹽 ▸ 少許

參考熱量表

葡萄柚	300 克	99 千卡
蝦	160 克	134 千卡
生薑	10 克	5 千卡
檸檬汁	20 毫升	5 千卡
橄欖油	10 毫升	90 千卡
蘆筍	30 克	7 千卡
合計		**340 千卡**

1

2

3

4

5

6

做法

1 葡萄柚去皮，將果肉切成適口的小塊；蘆筍洗淨，切去老根，斜切成 2 厘米的小段；生薑洗淨、切片。
2 將蘆筍段放入煮沸的淡鹽水中，煮至水再次沸騰後關火，撈出瀝乾水份，晾涼備用。
3 另起一鍋水，水中加入白醋和生薑片，燒至沸騰。
4 將草蝦洗淨，開背去蝦腸，接着放入水中汆燙至完全變色。
5 將汆燙好的大蝦放入冰水中冰鎮降溫，然後去頭、去殼，分離出蝦肉。
6 將蝦肉、柚子果肉、蘆筍段一起放入沙律碗中，淋入檸檬汁和橄欖油，撒上黑胡椒碎，攪拌均勻即可。

烹飪竅門

用加了白醋的開水汆燙大蝦，醋酸會讓蛋白質熟化的速度加快，使蝦肉更光滑鮮豔，吃起來更加鮮嫩，蝦殼也會很容易剝離。

西柚酸酸甜甜，散發着不可抵擋的香氣，它的維他命 C 含量豐富，配搭高蛋白的蝦肉，再佐以充滿朝氣的蘆筍，瞬間這盤沙律就變得高大上起來。

濃郁熱帶風情

鮮蝦芒果沙律

簡單 25 分鐘

主料

芒果 ▸ 1 個（約 200 克）

牛油果 ▸ 80 克

新鮮大蝦 ▸ 8 隻（約 160 克）

配料

車厘茄 ▸ 6 個（約 100 克）

泰式酸辣醬 ▸ 20 克

生菜葉 ▸ 50 克

紫椰菜 ▸ 50 克

熟花生仁碎

料酒 ▸ 1 湯匙

生薑 ▸ 4 片

參考熱量表

芒果	200 克	70 千卡
牛油果	80 克	137 千卡
大蝦	160 克	134 千卡
車厘茄	100 克	25 千卡
酸辣醬	20 克	23 千卡
生菜葉	50 克	6 千卡
紫椰菜	50 克	12 千卡
合計		**407 千卡**

做法

1 新鮮大蝦洗淨，去頭、去殼、去蝦腸，為了成品美觀，蝦尾可以保留。

2 將處理好的大蝦放入加了生薑片和料酒的沸水中，汆燙成熟，撈出瀝乾水份，晾涼備用。

3 牛油果對切兩半，去除果核，挖出果肉，切成 2 厘米見方的塊。

4 車厘茄去蒂、洗淨，對切成兩半；生菜葉洗淨，瀝乾後用手撕成適口的小塊。

5 芒果去皮，去除果核，切成 2 厘米見方的塊；紫椰菜洗淨，瀝乾水份後切掉根部和老葉，切成細絲。

6 將以上處理好的全部食材放入乾燥的沙律碗中，淋上泰式酸辣醬和熟花生仁碎，攪拌均勻即可。

烹飪竅門

汆燙蝦仁的水中加了生薑片和料酒，可以更好地去除蝦的腥味。

粉嫩嫩的大蝦，黃燦燦的芒果，配搭多汁的蔬菜，再加上口感細膩綿軟的牛油果，紅綠黃一大盤，營養全面，熱量合理，是減脂期頗受歡迎的一道料理。

健康減肥餐

日式吞拿魚沙律

簡單 20 分鐘

主料

水浸吞拿魚罐頭 ▸ 1 罐（淨重約 150 克）
青瓜 ▸ 1 根（約 120 克）
紅蘿蔔 ▸ 1 根（約 120 克）
粟米 ▸ 1 根（約 140 克）

配料

低脂沙律醬 ▸ 25 克
洋葱粒 ▸ 50 克
苦苣 ▸ 30 克

參考熱量表

水浸吞拿魚	150 克	178 千卡
青瓜	120 克	19 千卡
紅蘿蔔	120 克	38 千卡
粟米	140 克	157 千卡
低脂沙律醬	25 克	32 千卡
洋葱粒	50 克	20 千卡
苦苣	30 克	10 千卡
合計		**454 千卡**

做法

1 水浸吞拿魚罐頭瀝掉多餘水份，取出魚肉放入碗中，用勺子搗碎。
2 青瓜洗淨，去頭尾，切成 2 厘米長的細絲；紅蘿蔔洗淨，去皮後切成和青瓜絲一樣的細絲。
3 苦苣洗淨，去除老葉和根部，撕開後掰成小塊。
4 將粟米粒剝下，放入沸水中汆燙 3 分鐘後撈出瀝乾。
5 將以上所有處理好的材料放入沙律碗中。
6 加入洋葱粒，攪拌均勻，淋上低脂沙律醬即可。

烹飪竅門

青瓜是容易出水的食材，放久了會有水份析出，所以這道沙律做好之後應該儘快食用。

吞拿魚鮮美無比，作為深海魚類，它含有極為豐富的優質蛋白質，脂肪含量卻很低，將它作為沙律的主料，加上粟米粒，口感瞬間變得富有層次。配上爽脆的青瓜和紅蘿蔔，飽腹又不長肉。

夏日的田野

火腿椰菜沙律

簡單 20 分鐘

主料

椰菜 ▶ 250 克

火腿 ▶ 5 片（約100 克）

配料

紅蘿蔔 ▶ 50 克

紅甜椒 ▶ 50 克

大蒜 ▶ 4 瓣

陳醋 ▶ 1 湯匙

鹽 ▶ 3 克

雞精 ▶ 2 克

麻油 ▶ 2 茶匙

黑芝麻 ▶ 適量

參考熱量表

椰菜	250 克	60 千卡
火腿	100 克	330 千卡
紅蘿蔔	50 克	16 千卡
紅甜椒	50 克	11 千卡
麻油	10 毫升	90 千卡
合計		**507 千卡**

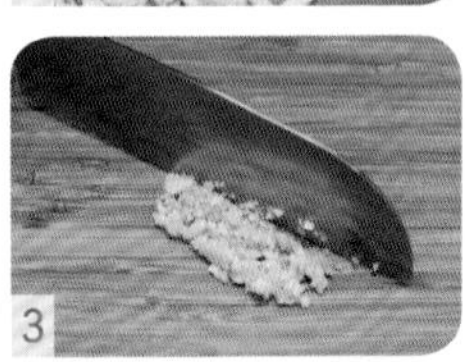

做法

1 椰菜去掉大梗和老葉，儘量留取嫩葉，洗淨後切成窄條。

2 紅蘿蔔洗淨，斜切成細絲；紅甜椒去蒂、去籽，洗淨，切絲。

3 大蒜去皮後洗淨，切成蒜末。

4 火腿片切成細絲。

5 將椰菜絲、紅蘿蔔絲、紅椒絲和火腿絲放在大碗中，再放入蒜末。

6 接着加入陳醋、鹽、雞精和麻油，攪拌均勻，撒上黑芝麻即可。

烹飪竅門

生吃的椰菜一定要選取菜心部分，外面的老葉可以掰下來炒着吃。

椰菜富含膳食纖維和多種維他命，越少加工，營養保留越充分，火腿的添加可以遮蓋住蔬菜的生澀味道，二者相互補充又不干擾，再配搭一點主食，就是非常完美的一餐。

全家人都愛吃
馬鈴薯雞蛋沙律

簡單 30 分鐘

主料

馬鈴薯▸2個(約200克)
雞蛋▸2個(約100克)
西芹▸50克
車厘茄▸50克

配料

腰果▸20克
黑胡椒碎▸1茶匙
油醋汁▸30毫升
紫洋葱▸50克
鹽▸少許

參考熱量表

馬鈴薯	200克	162千卡
雞蛋	100克	144千卡
西芹	50克	8千卡
車厘茄	50克	12千卡
腰果	20克	112千卡
油醋汁	30毫升	55千卡
紫洋葱	50克	20千卡
合計		**513千卡**

1

2

3

4

5

6

做法

1 馬鈴薯洗淨，去皮，切成5厘米見方的小塊；車厘茄去蒂，洗淨，對半切開；洋葱去皮、去根，切成碎粒。
2 西芹洗淨，去根、去老葉，斜切成小段，放入煮沸的淡鹽水中汆燙1分鐘後撈出，瀝乾水份。
3 將切好的馬鈴薯塊放入汆燙過西芹的淡鹽水中煮熟，瀝乾水份。
4 小鍋放冷水，放入雞蛋，開中火煮至沸騰後關火，蓋上蓋子悶2分鐘，撈出，放在冷水中浸泡備用。
5 將馬鈴薯塊、西芹、車厘茄，腰果、洋葱粒放入沙律碗中，淋上油醋汁攪拌均勻。
6 將煮好的溏心蛋剝殼放在上面，用餐刀切開，使溏心流出，撒上黑胡椒碎即可。

烹飪竅門

1. 判斷馬鈴薯塊是否煮熟，只需要撈出一塊仔細觀察，內部沒有白心、全部變成半透明狀即可。
2. 如果不喜歡溏心蛋，也可以將雞蛋煮至全熟，然後切成小丁。

誰說素食不好吃？只要食材夠豐富，調味夠香濃，吃素一樣很滿足。樸素的馬鈴薯塊，配上香口的腰果，滿足嘴巴的同時，營養也豐富。

中式風情的素食

蓮藕沙律

簡單 25 分鐘

主料

蓮藕 ▶ 200 克
粟米 ▶ 1/2 根（約 70 克）
紅甜椒 ▶ 50 克
青甜椒 ▶ 50 克
紅蘿蔔 ▶ 50 克

配料

青豆 ▶ 30 克
油醋汁 ▶ 30 毫升
鹽 ▶ 少許

參考熱量表

蓮藕	200 克	94 千卡
粟米	70 克	78 千卡
紅甜椒	50 克	11 千卡
青甜椒	50 克	11 千卡
紅蘿蔔	50 克	16 千卡
青豆	30 克	33 千卡
油醋汁	30 毫升	55 千卡
合計		**298 千卡**

1

2

3

4

5

6

做法

1 蓮藕洗淨，去皮，從中間剖開後再切成半圓形的片。
2 將藕片放入沸水中汆燙 2 分鐘後撈出，瀝乾水份備用。
3 青豆洗淨；剝下的粟米粒洗淨；紅蘿蔔洗淨，切成青豆大小的丁。
4 將青豆、紅蘿蔔粒和粟米粒放入煮沸的淡鹽水中，汆燙 1 分鐘，撈出，瀝乾水份。
5 青甜椒和紅甜椒分別去蒂、去籽，洗淨後切成青豆大小的丁。
6 將紅蘿蔔粒、粟米粒、青豆粒、青椒丁、紅椒丁、藕片一起放入沙律碗中，淋上油醋汁拌勻，倒在盤中即可。

烹飪竅門

蓮藕容易氧化變黑，如果切片之後不能馬上汆水，就把它泡在清水中。

蓮藕有補肺、益氣、滋陰的功效，只知道它能炒菜、能煲湯，竟然也能拿來做沙律？是的，只要心思巧妙，新奇的美味就會層出不窮地冒出來。

最偷懶的吃法

豆腐沙律盒

簡單 15分鐘

主料

豆腐 ▸ 1盒（約200克）
皮蛋 ▸ 1個（約50克）
榨菜碎 ▸ 50克
青椒 ▸ 50克
紅蘿蔔 ▸ 50克

配料

熟花生仁 ▸ 20克
生抽 ▸ 10毫升
麻油 ▸ 1茶匙
陳醋 ▸ 1茶匙
芫茜 ▸ 1根

參考熱量表

豆腐	200克	100千卡
皮蛋	50克	86千卡
榨菜碎	50克	16千卡
青椒	50克	11千卡
紅蘿蔔	50克	16千卡
熟花生仁	20克	120千卡
生抽	10毫升	2千卡
麻油	5毫升	45千卡
合計		**396千卡**

做法

1 皮蛋剝去外殼，洗淨，用廚用紙擦乾水份，切成小粒，放入小碗中，加入陳醋醃漬片刻。

2 將豆腐從包裝膜邊緣劃開一道口，將包裝膜撕下。

3 豆腐用勺子挖出，放入沙律碗中備用。

4 芫茜洗淨，去根、去老葉，切成碎末；青椒洗淨，去蒂、去籽，切成小粒；紅蘿蔔洗淨、切成小粒；熟花生仁用擀麵杖碾碎。

5 將醃漬好的皮蛋粒放入裝有豆腐的沙律碗中，加入榨菜碎和生抽。

6 再加入青椒粒、紅蘿蔔粒和熟花生仁碎，撒上麻油和芫茜末，稍微拌勻即可。

烹飪竅門

1. 製作這款沙律時，一定不可以過度翻拌，否則會使豆腐出水，嚴重影響口感。
2. 如果購買不到榨菜碎，就把成條的榨菜切碎，一定不要直接拌入大塊或者條狀的榨菜，否則食材融合得不夠，會難以入味。

一盒豆腐，一個皮蛋，一點點榨菜，食材超級簡單易得，是一道快手料理。時間緊張的時候，做這道菜是最佳選擇。

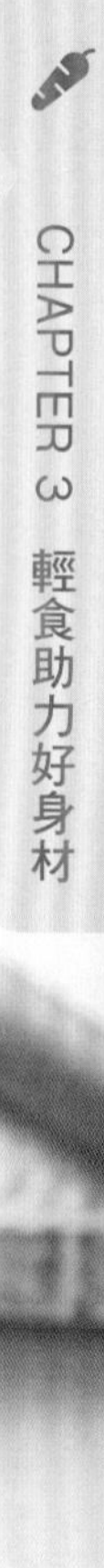

品嘗日耳曼風味

鷹嘴豆拌德式白腸

簡單 30分鐘

主料

鷹嘴豆 ▸ 50克
櫻桃蘿蔔 ▸ 100克
芝麻菜 ▸ 50克
紅蘿蔔 ▸ 50克
德式白腸 ▸ 100克

配料

油醋汁 ▸ 30毫升
核桃仁 ▸ 20克

參考熱量表

鷹嘴豆	50克	170千卡
櫻桃蘿蔔	100克	21千卡
芝麻菜	50克	12千卡
紅蘿蔔	50克	16千卡
德式白腸	100克	99千卡
油醋汁	30毫升	55千卡
核桃仁	20克	129千卡
合計		**502千卡**

做法

1 鷹嘴豆清洗好，提前一晚用清水浸泡。
2 鍋中加入豆子體積3倍的清水，放入鷹嘴豆，大火煮沸後轉小火煮10分鐘。
3 平底鍋加熱，放入德式白腸，邊煎邊轉動，煎至外皮呈金黃色、內部熟透，盛出，稍微晾涼備用。
4 將煮好的鷹嘴豆撈出，瀝乾水份，放入沙律碗中；將煎好的德式白腸切成0.5厘米厚的小圓片。
5 櫻桃蘿蔔和紅蘿蔔分別洗淨，瀝乾，蘿蔔纓子棄用，將櫻桃蘿蔔和紅蘿蔔分別切成0.1厘米薄的小片；芝麻菜洗淨，去除老葉和根部，切成3厘米的小段。
6 將煮好的鷹嘴豆、德式白腸、櫻桃蘿蔔、紅蘿蔔和芝麻菜一起放入沙律碗中，淋上油醋汁，再撒上核桃仁即可。

烹飪竅門

櫻桃蘿蔔和紅蘿蔔一定要切得足夠薄，才會更美觀，也會更入味。

鷹嘴豆含有豐富的植物蛋白質和膳食纖維，配上噴香的德國白腸、水靈靈的小蘿蔔，再點綴上具有濃郁芝麻香氣的菜葉，就是一份解饞又養眼的德式料理。

講究的美味

雞肉百葉包

簡單 40 分鐘

主料

新鮮雞胸 ▸ 1 塊（約 150 克）
薺菜 ▸ 400 克
百葉 ▸ 4 張（約 200 克）

配料

鹽 ▸ 1 茶匙
料酒 ▸ 2 茶匙
麻油 ▸ 2 克
胡椒粉 ▸ 2 克
雞精 ▸ 2 克
白糖 ▸ 2 克
食用油 ▸ 少許

參考熱量表

雞胸	150 克	200 千卡
薺菜	400 克	124 千卡
百葉	200 克	524 千卡
合計		**848 千卡**

做法

1 選擇鮮嫩的薺菜，擇去根部的老葉，反覆洗掉泥土，放在漏盆中瀝乾水份備用。
2 雞胸洗淨，用刀剁成肉末，放入碗中，加入料酒和胡椒粉攪拌均勻。
3 水中加入幾滴食用油、3 克鹽，大火煮沸，將薺菜分多次放進開水中汆燙。
4 幾秒後撈出汆燙好的薺菜，放在涼水中過涼，撈出瀝乾，切成細碎的末。
5 將薺菜末放入雞肉餡中，加入 2 克鹽、麻油、雞精、白糖，攪拌均勻。
6 百葉洗淨，放在開水鍋中汆燙，撈出後平鋪在案板上。
7 將薺菜雞肉餡放在百葉一側，將百葉慢慢捲起，注意另一側留出能往內包裹的部分。捲好後裝盤，依次擺放整齊。
8 蒸鍋加入適量水，上汽後放入薺菜雞肉包，蒸 15 分鐘即可。

烹飪竅門

薺菜汆燙的時間不宜過長，否則會破壞維他命，而且影響口感和色澤，所以要分次把薺菜放入鍋中汆燙。

薺菜的樣子雖然不出眾，卻是含鈣量非常高的蔬菜，味道清新又營養，是非常好吃的野菜。和細膩的雞肉融合在一起，猶如雪中見翠，蒸好端上桌，就是一個字：鮮！

和風美食

鮮蝦手卷壽司

簡單 30 分鐘

主料

老豆腐 ▶ 200 克

熟蝦仁 ▶ 100 克

白煮蛋 ▶ 2 個（約 100 克）

青瓜 ▶ 1 根（約 120 克）

壽司紫菜 ▶ 適量

配料

鹽 ▶ 少許

黑胡椒碎 ▶ 少許

沙律醬 ▶ 適量

黑芝麻 ▶ 適量

參考熱量表

老豆腐	200 克	232 千卡
熟蝦仁	100 克	48 千卡
白煮蛋	100 克	144 千卡
青瓜	120 克	19 千卡
合計		**443 千卡**

1

2

3

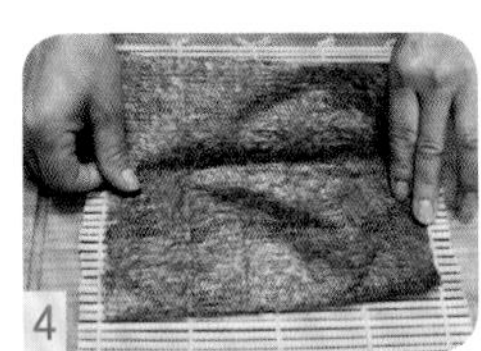

4

5

6

7

8

做法

1 將老豆腐用水沖洗淨，用廚用紙反覆吸乾水份，放入碗中，用匙子背壓碎成泥。

2 在豆腐泥中加入適量鹽、黑芝麻和黑胡椒碎，攪拌均勻。

3 青瓜刷洗乾淨，切掉蒂，切成長條；熟蝦仁切碎；白煮蛋切開成四瓣。

4 壽司捲簾上鋪上兩張紫菜，粗糙面向上。

5 取適量豆腐泥到紫菜上，鋪開，上下各留 1 厘米左右空白，用手稍稍壓實。

6 在靠近自己的 1/3 處依次放上各種食材，每種都擺成一行，各種食材互相重疊，擺好後再擠上一條沙律醬。

7 拎起捲簾，用手指按住食材，捲起的同時將壽司捲壓緊，成為一個堅實的桶狀。

8 選一把鋒利的刀，刀面上蘸上少許水，將壽司卷切成均等大小，擺盤即可。

烹飪竅門

用豆腐代替米飯做壽司，可以大大減少熱量，不過一定要將豆腐的水份吸乾，否則會將紫菜整濕，做出來的壽司很難成型。

與米飯上頂着一片肉的「握壽司」相比，手卷壽司對技術的要求很低，也不挑食材，喜歡什麼都可以捲起來，只要不散開就行。將傳統壽司裏的米飯換成豆腐，讓這道料理變得更加獨特，美味不打折，熱量卻大大降低。

另類新吃法

魔芋絲蛋燒

簡單 30 分鐘

主料

魔芋絲 ▸ 150 克
雞蛋 ▸ 2 個（約 100 克）
菠菜 ▸ 200 克

配料

鹽 ▸ 2 茶匙
花生油 ▸ 10 毫升
料酒 ▸ 2 茶匙
紅蘿蔔 ▸ 50 克
油醋汁 ▸ 30 毫升

參考熱量表

食材	份量	熱量
魔芋絲	150 克	18 千卡
雞蛋	100 克	144 千卡
菠菜	200 克	56 千卡
花生油	10 毫升	90 千卡
紅蘿蔔	50 克	16 千卡
油醋汁	30 毫升	55 千卡
合計		**379 千卡**

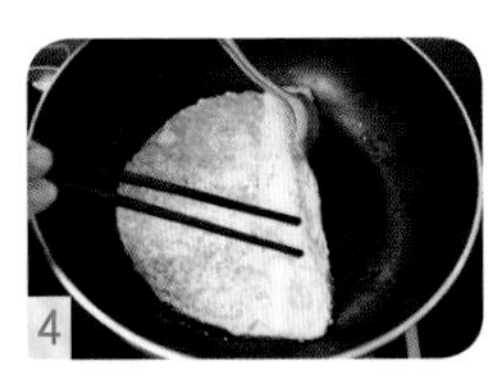

做法

1 紅蘿蔔洗淨，去皮，先切細絲，再切成小碎粒；雞蛋放入小碗中打散，加入 1 茶匙鹽、2 茶匙料酒和紅蘿蔔粒，攪拌均勻。
2 平底鍋燒熱，加入花生油，倒入一部分蛋液，以能全部蓋住鍋底即可，保持小火加熱。
3 待蛋液基本凝固，用鏟子從一邊將蛋皮捲起，捲到尾部後再繼續添加蛋液。
4 待第二層蛋液凝固後，將位於一邊的蛋捲再捲回來，如此重覆，直至用完所有蛋液。
5 做好的厚蛋燒卷放涼至不燙手後，切成 1 厘米厚的厚蛋燒片。
6 魔芋絲沖洗兩遍，瀝乾水份；菠菜去根、洗淨，切成小段。
7 起鍋加入適量清水燒開，加入 1 茶匙鹽，放入菠菜段和魔芋絲，汆燙至水再次沸騰後立刻撈出。
8 將燙好的菠菜和魔芋絲放入碗中，加入油醋汁拌勻，再加上厚蛋燒即可。

烹飪竅門

1. 雞蛋液中加入料酒，可以很好地去掉蛋腥味。
2. 在製作厚蛋燒時可以加入蔥花、秋葵等自己喜歡的食材，製作出來的厚蛋燒切面會更加鮮豔，營養也會更豐富。

日式風情的厚蛋燒，用油量介於煎雞蛋和白煮蛋之間，油脂攝入合理。將紅蘿蔔加入蛋液中，做出來的厚蛋燒切面呈現出色彩鮮豔的一圈圈紋理，能讓普通的食材瞬間妙趣橫生。

美好的幸福

菜餅烘蛋

簡單 20 分鐘

主料

翠玉瓜 ▸ 150 克
雞蛋 ▸ 1 個（約 50 克）
煙肉 ▸ 1 片（約 20 克）
麵粉 ▸ 1 湯匙

配料

香葱 ▸ 1 根
鹽 ▸ 2 克
雞精 ▸ 2 克
白胡椒粉 ▸ 3 克
食用油 ▸ 10 毫升

參考熱量表

翠玉瓜	150 克	28 千卡
雞蛋	50 克	72 千卡
煙肉	20 克	36 千卡
麵粉	15 克	55 千卡
食用油	10 毫升	90 千卡
合計		**281 千卡**

做法

1 翠玉瓜洗淨，去掉頭尾，用刨絲器刨成細絲，放入碗中，加入鹽，抓拌均勻。
2 煙肉切成窄條；香葱洗淨，去根，切成蓉。
3 倒出翠玉瓜絲中的水份，加入麵粉、煙肉條、葱蓉，再加入雞精、鹽和白胡椒粉調味，攪拌成麵糊。
4 平底鍋加熱，鍋中均勻刷一層食用油；倒入翠玉瓜絲麵糊，用筷子將麵糊堆成一堆，在中間挖一個小坑。
5 加入 1 湯匙清水，蓋上鍋蓋，先小火將翠玉瓜麵糊燜煎到八成熟，至底部微微金黃、表面完全凝固。
6 打開鍋蓋，將雞蛋磕入麵糊坑中，再蓋上鍋蓋，燜煎到蛋白變白，然後打開鍋蓋，將翠玉瓜餅和雞蛋滑到盤子中即可。

烹飪竅門

1. 步驟 1 中加鹽是為了逼出翠玉瓜中的水份。
2. 照着以上方法做出來的雞蛋是七成熟的，如果吃不慣，可以將雞蛋完全燜熟再盛出。

這道料理很像老北京的傳統小吃「西葫蘆塌子」，只不過稍微改動了一下做法。翠玉瓜具有排毒、消水腫的食療功效，只添加簡單的調料，翻新做法，變出花樣，便是營養美味的一道菜。

簡單直白本土風味

千張蔬菜卷

複雜 40 分鐘

主料

千張（百頁）1 張（約 75 克）
雞蛋 ▸ 1 個（約 50 克）
青瓜 ▸ 50 克
紅蘿蔔 ▸ 50 克
芫茜 ▸ 30 克
豇豆 ▸ 50 克
火腿 ▸ 50 克

配料

食用油 ▸ 1 茶匙
粟粉 ▸ 1 茶匙
鹽 ▸ 少許
韭菜 ▸ 幾根
甜麵醬 ▸ 20 克

烹飪竅門

火腿也可以用其他肉類來代替，蔬菜可以根據自己的喜好自行配搭，但務必多幾種顏色，好看的同時營養也會更全面。

參考熱量表

千張	75 克	196 千卡
雞蛋	50 克	72 千卡
青瓜	50 克	8 千卡
紅蘿蔔	50 克	16 千卡
芫茜	30 克	10 千卡
豇豆	50 克	16 千卡
火腿	50 克	165 千卡
甜麵醬	20 克	28 千卡
合計		**511 千卡**

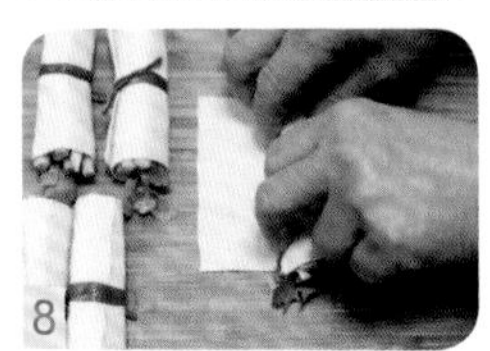

做法

1 將千張洗淨，切成 6 塊，放入開水中汆燙 1 分鐘，小心地撈出，不要弄破。
2 雞蛋磕入小碗中，加少許鹽打散，加入粟粉和 1 茶匙純淨水攪拌均勻。
3 不黏平底鍋加熱，倒入食用油，倒入蛋液，平攤成蛋餅，保持中小火煎至兩面金黃色。
4 將煎好的蛋餅平鋪在案板上，捲起，切成細條。
5 豇豆洗淨，去頭尾，切成與千張較長的一邊同等長度的細條，放入燒開的淡鹽水中汆燙 1 分鐘左右撈出；取幾根韭菜洗淨，放入沸水中汆燙 10 秒鐘撈出，瀝乾。
6 瘦肉火腿去掉包裝，也切成與豇豆一樣長的條。
7 青瓜和紅蘿蔔分別洗淨，都切成與豇豆一樣長的細條；芫茜去根、洗淨，切成與豇豆一樣的長度。
8 取一片千張，鋪上豇豆、蛋皮、火腿條、青瓜條、紅蘿蔔條和芫茜段，緊緊捲好，再用燙好的韭菜固定，擺在盤中，淋上甜麵醬即可。

千張又被叫做乾豆腐，是由黃豆加工製成的豆製品，含有豐富的蛋白質、卵磷脂，配搭上自己喜歡的蔬菜和醬汁，生吃也是非常美妙的。

清水出芙蓉

脆筍拌佛手瓜

簡單 25 分鐘

主料

尖筍 ▶ 300 克
佛手瓜 ▶ 50 克

配料

鹽 ▶ 3 克
香葱 ▶ 1 根
大蒜 ▶ 4 瓣
雞精 ▶ 3 克
陳醋 ▶ 1 茶匙
生抽 ▶ 1 茶匙
白糖 ▶ 1 茶匙
麻油 ▶ 3 毫升

參考熱量表

尖筍	300 克	69 千卡
佛手瓜	50 克	9 千卡
麻油	3 毫升	27 千卡
合計		**105 千卡**

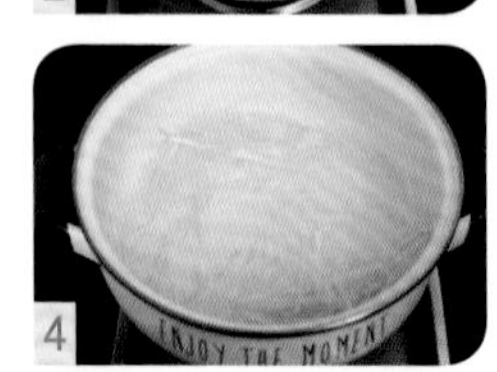

做法

1 佛手瓜洗淨，放入能沒過它的溫水中浸泡，約 15 分鐘後撈出，切絲；尖筍洗淨；香葱洗淨，切成 3 厘米的段，大蒜去皮，切小粒。

2 起鍋倒入清水，燒至開鍋時，倒入尖筍汆燙，時間不宜過長，開鍋就行。

3 燙好的尖筍在冷水中略微浸泡，瀝乾水份，先用手撕成細絲，再切成 3 厘米長的段。

4 繼續用燙尖筍的水汆燙佛手瓜絲，放入鍋中後煮 5 分鐘。

5 將汆燙成熟的佛手瓜絲撈出，在冷水中浸泡後瀝乾水份。

6 將尖筍絲和佛手瓜絲一起放入碗中，加入葱段、大蒜粒、鹽、雞精、陳醋、生抽、白糖和麻油，攪拌均勻即可。

烹飪竅門

尖筍進行汆燙主要是為了去除草酸。汆燙後浸泡的過程最好反覆換幾次水，這樣可以進一步去掉澀味。

佛手瓜在瓜類中營養全面豐富，口感也很脆爽，和鮮嫩的尖筍融合在一起，就是一道非常美妙的素食。

一鍋端出來的美味
焗烤雜菜

簡單 40分鐘

主料

甘筍▸2根（約50克）
蘆筍▸2根（約100克）
車厘茄▸5顆（約50克）
冬菇▸4朵（約40克）
小馬鈴薯▸1個（約100克）
紫洋葱50克▸西蘭花50克

配料

白胡椒粉▸2茶匙
意大利混合香料碎▸2茶匙
油醋汁▸2湯匙
芝士碎▸適量

做法

1 將甘筍洗淨，切滾刀塊；蘆筍洗淨，從中間切斷；車厘茄洗淨；備用。
2 冬菇洗淨，去蒂，切分為兩半；小馬鈴薯洗淨，去皮，切四瓣；洋葱洗淨，切分為兩半；西蘭花洗淨，掰成適口的小朵。
3 將處理好的蔬菜放入保鮮袋中，撒入白胡椒粉、意大利混合香料碎，倒入油醋汁，紮緊袋口，搖晃均勻，放入冰箱冷藏醃製20分鐘。

3

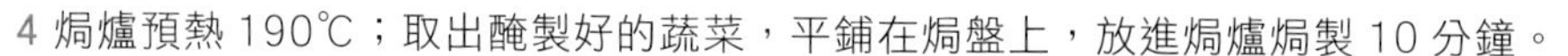

4 焗爐預熱190℃；取出醃製好的蔬菜，平鋪在焗盤上，放進焗爐焗製10分鐘。
5 將焗好的蔬菜取出，撒上芝士碎即可。

犯懶的時候試試這種能一鍋搞定的料理，借助焗爐就可以輕鬆實現。用焗的方法做菜，既能保證食材原汁原味，又不擔心用油過多，好處多得很。

參考熱量表

甘筍	50克	16千卡
蘆筍	100克	11千卡
車厘茄	50克	25千卡
冬菇	40克	10千卡
小馬鈴薯	100克	81千卡
紫洋葱	50克	20千卡
西蘭花	50克	18千卡
油醋汁	30毫升	55千卡
合計		**236千卡**

烹飪竅門

可以根據自己的喜好隨意更換蔬菜，但儘量不要選擇多汁的蔬菜，這樣烘焗的過程中很容易出水，影響口感。

CHAPTER 4

美食也要配美飲

駐顏有妙招

玫瑰花桂圓生薑茶

簡單 20分鐘

主料

乾桂圓 ▸ 6顆（約11克）
乾玫瑰花蕾 ▸ 8朵（約10克）
生薑 ▸ 10克

配料

蜂蜜 ▸ 10克

參考熱量表

乾桂圓	11克	32千卡
乾玫瑰花蕾	10克	28千卡
生薑	10克	5千卡
蜂蜜	10克	32千卡
合計		**97千卡**

1

2

3

4

5

6

做法

1 將乾桂圓剝掉殼去核，放入碗中。
2 生薑洗淨，去皮後切成薄片。
3 將900毫升純淨水倒入花茶壺中。
4 放入乾桂圓和生薑片，煮沸，沸騰後再繼續用小火煮10分鐘。
5 關火，待水溫降到85℃時，將乾玫瑰花蕾放入花茶壺的濾網內靜置3分鐘。
6 如需添加蜂蜜，待茶水溫度降到60℃再添加，以免破壞蜂蜜的營養成分。

烹飪竅門

桂圓和生薑要煮久一點，這樣味道會非常醇厚。

濃郁芬芳的玫瑰花蕾，補血益氣的桂圓，配搭得恰到好處，溫補滋潤又養顏，是一款非常適合女士養生的茶飲。

百歲不顯老

桂花乾棗薑茶

簡單 20 分鐘

主料

桂花 ▸ 5 克

小乾棗 ▸ 5 顆（約 20 克）

生薑 ▸ 10 克

配料

紅糖 ▸ 5 克

參考熱量表

桂花	5 克	20 千卡
乾棗	20 克	63 千卡
生薑	10 克	5 千卡
紅糖	5 克	19 千卡
合計		**107 千卡**

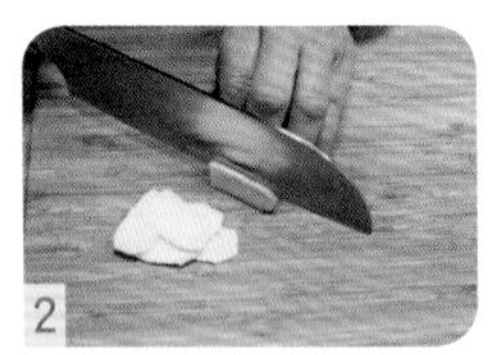

做法

1 將乾棗洗淨，沖去灰塵，去核。

2 生薑洗淨，去皮後切成薄片。

3 800 毫升純淨水煮沸，將桂花放在花茶壺的濾網內。

4 取 150 毫升水沖入桂花中，棄去茶湯，此步驟為洗茶。

5 將乾棗和生薑片放在花茶壺外層。

6 在花茶壺內層濾網內加入紅糖，注入沸水，浸泡 5 分鐘左右即可飲用。

烹飪竅門

這款茶適合在下方點上小蠟燭，邊加熱邊飲用。

桂花香氣怡人，暖胃健脾，驅寒補虛；生薑溫脾散寒，滋潤養顏。這款茶飲非常適合在秋冬季節飲用。

暖暖的很貼心

枸杞蜂蜜柚子茶

簡單 20分鐘

主料

紅茶 ▸ 15克

蜂蜜柚子茶 ▸ 30克

乾枸杞子 ▸ 10克

配料

蘋果 ▸ 半個（約70克）

參考熱量表

紅茶	15克	49千卡
蜂蜜柚子茶	30克	41千卡
乾枸杞子	10克	26千卡
蘋果	70克	37千卡
合計		**153千卡**

做法

1 將紅茶放入花茶壺的濾網內，再將800毫升純淨水燒至85℃。

2 將約150毫升燒好的水沖入紅茶中，茶湯倒掉，此步驟為洗茶。

3 蘋果洗淨，去皮，去核，切成小塊。

4 將乾枸杞子洗淨。

5 將蘋果塊和枸杞子放入花茶壺中。

6 將裝有紅茶的濾網裝回到花茶壺，並在濾網內加入蜂蜜柚子茶。

7 水再次燒至85℃，注入花茶壺。

8 在花茶壺底部點上蠟燭，將壺放在壺架上，2分鐘後即可飲用。

烹飪竅門

這款茶品也適合在夏天的時候放涼飲用。

蜂蜜柚子茶能夠理氣化痰、潤肺清腸，是解膩、美容的佳品。冬天裏，沖一壺濃情蜜意的水果茶，邀上閨蜜好友，圍爐小聚，賞雪觀景，頗有一番情調。

排毒好幫手

蜂蜜蘆薈椰果茶

簡單 15 分鐘

主料

紅茶 ▸ 15 克

食用蘆薈 ▸ 2 根（約 100 克）

椰果 ▸ 20 克

配料

蜂蜜 ▸ 5 克

參考熱量表

食用蘆薈	100 克	24 千卡
紅茶	15 克	49 千卡
椰果	20 克	12 千卡
蜂蜜	5 克	16 千卡
合計		**101 千卡**

1

做法

1 將蘆薈洗淨，去掉皮，將果肉切成小丁，備用。

2 將紅茶放入花茶壺的濾網內，再將 500 毫升純淨水燒至 85℃。

3 將約 150 毫升燒好的水沖入紅茶中，茶湯倒掉，此步驟為洗茶。

4 將蘆薈果肉和椰果放入花茶壺的濾網外。

5 將剩餘的水再次燒至 85℃，注入花茶壺內。

6 待水溫涼至 60℃，打開壺蓋，加入蜂蜜調味，用長勺攪拌均勻即可飲用。

烹飪竅門

如果選用的是紅茶包而不是散裝紅茶，大約需要 3 包，同時也可以省略洗茶這個步驟。

蘆薈具有很好的排毒功效，適當食用可以起到美容的作用，配搭高膳食纖維的椰果，用這樣的食材沖一杯茶，健康又甜蜜。

濃濃醇香

板栗燕麥豆漿

簡單 30 分鐘

主料

黃豆 ▸ 100 克

燕麥片 ▸ 50 克

配料

熟板栗 ▸ 10 個（約 80 克）

冰糖 ▸ 適量

參考熱量表

黃豆	100 克	390 千卡
燕麥片	50 克	169 千卡
熟板栗	80 克	171 千卡
合計		**730 千卡**

做法

1 將黃豆用清水沖洗乾淨，放在盆中備用。

2 熟板栗剝掉外皮，切成小塊，放入碗中備用。

3 將黃豆、板栗和燕麥片放入破壁機中。

4 加入 1000 毫升純淨水，選擇啟動「濕豆」功能鍵。

5 時間到後，將豆漿從破壁機中倒出，用篩網過濾掉渣滓。

6 在豆漿中加入冰糖攪拌均勻，晾涼即可飲用。

烹飪竅門

現在很多破壁機都可以直接將黃豆打碎，不需要泡發。如果家中沒有破壁機，可以用傳統老式豆漿機制作，但需要將黃豆提前一晚用清水泡發。

板栗是天然帶有甘甜味道的食材，富含維他命C，能增強抵抗力，延緩衰老。經過打磨後，綿軟甜香，與黃豆和燕麥融為一體，勾起你的食慾，一口下去，讓人倍感幸福。

越喝越聰明
核桃黑芝麻豆漿

簡單 30 分鐘

主料

黃豆 ▸ 100 克
核桃仁 ▸ 50 克
黑芝麻 ▸ 30 克
花生仁 ▸ 30 克

配料

冰糖 ▸ 適量

參考熱量表

黃豆	100 克	390 千卡
核桃仁	50 克	323 千卡
黑芝麻	30 克	168 千卡
花生仁	30 克	94 千卡
合計		**975 千卡**

做法

1 將黃豆洗淨，放置在盆中，提前用清水浸泡過夜。
2 將核桃仁和花生仁分別洗淨，略微浸泡。
3 將浸泡好的黃豆放入豆漿機中，倒入 1000 毫升純淨水。
4 接着加入核桃仁、黑芝麻和花生仁，選擇啟動「五穀豆漿」功能鍵。
5 時間到後，將攪打好的豆漿從機器中倒出，過濾掉渣滓。
6 根據自己的口味加入冰糖調味，即可飲用。

烹飪竅門

如果想讓口感更好，可以加入 150 毫升牛奶，這樣純淨水的用量就相應減少，加入牛奶的五穀豆漿喝起來口感會更順滑。

黃豆的滋養功效不用多說，黑芝麻的加入能讓豆漿變得更滋補，再添加一些花生仁和核桃仁，香氣更是撲鼻而來！

深冬裏的安慰

蓮香豆漿

簡單 30 分鐘

主料

乾蓮子 ▸ 50 克

黃豆 ▸ 100 克

乾百合 ▸ 20 克

配料

冰糖 ▸ 適量

參考熱量表

乾蓮子	50 克	175 千卡
黃豆	100 克	390 千卡
乾百合	20 克	69 千卡
合計		**634 千卡**

做法

1 將乾蓮子、黃豆、乾百合分別洗淨，放置在盆中，用清水浸泡一夜。

2 將泡發好的蓮子對半掰開，去掉蓮子芯，然後切成小粒，放入碗中備用。

3 將泡好的百合切成小粒，放入碗中備用。

4 將百合、蓮子和黃豆放入豆漿機中，再倒入 1000 毫升純淨水，選擇啟動相對應的功能鍵。

5 時間到後，將豆漿從豆漿機中倒出，用篩網過濾掉渣滓。

6 在豆漿中加入冰糖攪拌均勻，晾涼即可飲用。

烹飪竅門

蓮子中間的蓮芯比較苦，最好是棄掉不用，但如果為了降火功效更明顯，也是可以保留的。

蓮子、百合都有滋陰潤燥的功效，黃豆的營養價值更是無須多言，植物的各類香氣融合在一起，這樣一杯誘人的豆漿，喝一杯怎麼夠？

體會豐收的喜悅
糯米黑豆漿

簡單 30分鐘

主料

黑豆 ▶ 100克

糯米 ▶ 40克

配料

黑芝麻 ▶ 20克

冰糖 ▶ 適量

參考熱量表

黑豆	100克	401千卡
糯米	40克	140千卡
黑芝麻	20克	112千卡
合計		**653千卡**

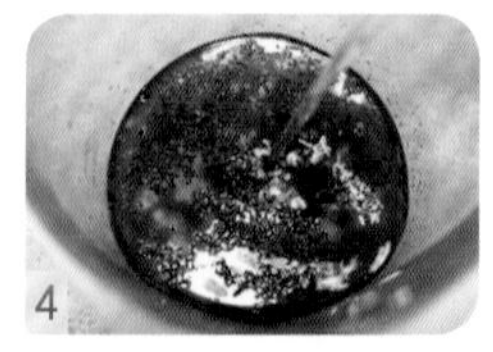

做法

1 將黑豆洗淨，放置在盆中，用清水浸泡一夜。

2 糯米提前半小時洗淨，放置在清水中略微浸泡。

3 將泡好的黑豆和糯米放入破壁機中，加入黑芝麻。

4 加入1000毫升純淨水，選擇啟動「豆漿」功能鍵。

5 待時間到後，將豆漿從破壁機中倒出，用篩網過濾掉渣滓。

6 在豆漿中加入冰糖攪拌均勻，晾涼即可飲用。

烹飪竅門

1. 如果選擇用破壁機製作，黑豆也可以不用浸泡直接攪打，但浸泡過的黑豆攪打後口感會更好。
2. 也可以選擇用紅糖調味。

糯米有很好的滋補功效，腸胃不好的人可以適當食用。黑豆與糯米配搭，能夠起到補腎滋陰、烏髮美容的功效，這款豆漿尤其適合女性飲用。

絲滑柔順

香芒豆漿

簡單 50分鐘

主料

黃豆 ▸ 100克

芒果 ▸ 1個（約200克）

配料

椰蓉 ▸ 少許

薄荷葉 ▸ 2片

參考熱量表

黃豆	100克	390千卡
芒果	200克	70千卡
合計		**460千卡**

做法

1 將黃豆洗淨，放置在盆中，提前用清水浸泡一夜。

2 將浸泡好的黃豆放入豆漿機中，倒入800毫升純淨水，選擇啟動「濕豆」功能鍵。

3 將攪打好的豆漿從機器中倒出，過濾掉渣滓，放涼備用。

4 芒果洗淨，去果皮，去核，將果肉切成小塊。

5 將芒果果肉放入攪拌機中，倒入已經放涼的豆漿，攪拌30秒。

6 將芒果豆漿倒入玻璃杯中，撒少許椰蓉，點綴上薄荷葉即可。

烹飪竅門

不能圖方便將切好的芒果直接和黃豆一起放入豆漿機中，也不可以在豆漿未冷卻的時候就進行二次攪拌，這樣會讓芒果的色澤變暗，果香味減少，大大影響豆漿的口感。

香氣馥鬱的芒果，充滿田園氣息的黃豆，呈現出的是不同的色彩和口感，配搭在一起卻十分和諧，雅致又清新。

暖身必備

柑橘紅豆漿

簡單 40 分鐘

主料

紅豆 ▸ 100 克

小柑橘 ▸ 7 個（約 125 克）

配料

蜂蜜柚子茶 ▸ 20 克

鹽 ▸ 少許

參考熱量表

紅豆	100 克	324 千卡
小柑橘	125 克	72 千卡
蜂蜜柚子茶	20 克	27 千卡
合計		**423 千卡**

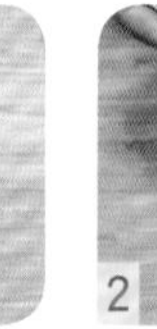

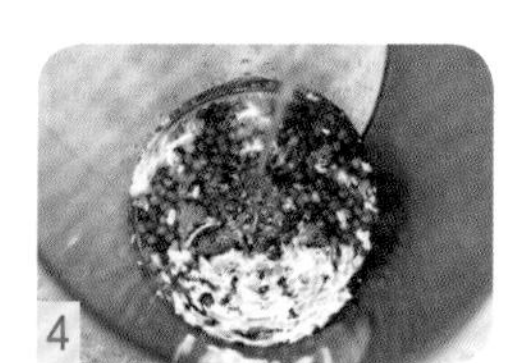

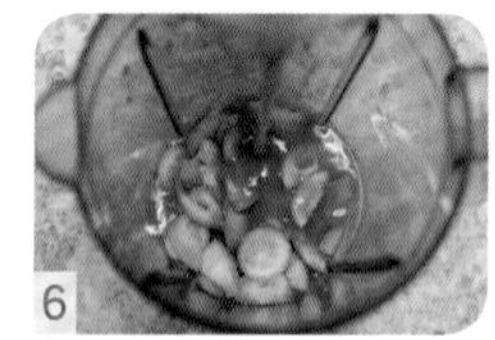

做法

1 將紅豆洗淨，放置在盆中，提前用清水浸泡一夜。

2 將柑橘洗淨，放在淡鹽水中浸泡 10 分鐘。

3 柑橘瀝乾水份，去蒂、去籽，切成小塊，放入碗中備用。

4 將浸泡好的紅豆放入豆漿機中，倒入 800 毫升純淨水，選擇啟動「濕豆」功能鍵。

5 將攪打好的豆漿從機器中倒出，過濾掉渣滓，放涼備用。

6 將柑橘放入攪拌機中，倒入已經放涼的豆漿，攪拌 1 分鐘。

7 將柑橘豆漿二次過濾掉渣滓，再倒入玻璃杯中，加入蜂蜜柚子茶調味即可。

烹飪竅門

柑橘的果皮表面容易有殘留難以清洗的農藥，所以最好在淡鹽水中多浸泡一會兒。

柑橘小巧可愛，口感酸甜，有降火的功效，還能補充豐富的維他命 C，配搭紅豆和蜂蜜柚子茶，果香四溢，味道醇厚迷人。

滋補清新好顏色

山藥枸杞奶

簡單 30 分鐘

主料

鐵棍山藥 ▸ 100 克

泡發枸杞子 ▸ 15 克

純牛奶 ▸ 600 毫升

配料

白糖 ▸ 少許

做法

1 將鐵棍山藥去皮，洗淨，切成小塊。

2 蒸鍋中加入適量清水燒開，放入山藥蒸熟。

3 將蒸好的山藥取出，稍微放涼後放入攪拌機中。

4 倒入 600 毫升純牛奶，加入泡發枸杞子，攪拌 1 分鐘。

5 將攪打好的山藥牛奶倒在玻璃杯中，根據個人口味加入白糖拌勻即可。

閒時在家自製一杯這樣的飲品吧，選擇健康、滋補的山藥和枸杞子，以及喜愛的純牛奶，不僅好喝，而且對身體沒有任何負擔，還能補充營養又養顏！

參考熱量表

鐵棍山藥	100 克	55 千卡
泡發枸杞子	15 克	26 千卡
牛奶	600 毫升	324 千卡
合計		**405 千卡**

烹飪竅門

削皮的山藥表面會有一層黏液，接觸到皮膚容易過敏，所以削皮時最好帶上膠手套。

粒粒糧食香

粟米牛奶汁

簡單 30 分鐘

主料

嫩粟米 ▸ 2 根（約 280 克）
純牛奶 ▸ 300 毫升

配料

白糖 ▸ 適量
凍乾無花果 ▸ 5 克

做法

1 將嫩粟米去掉葉子和粟米鬚，用清水洗淨，將粟米粒剝到碗中，備用。
2 將粟米粒倒入破壁機中，倒入純牛奶和 300 毫升純淨水，選擇啟動「豆漿」功能鍵進行攪打。
3 時間到後，將粟米牛奶倒進玻璃杯中。
4 加入白糖攪拌均勻，點綴放上凍乾無花果即可。

參考熱量表

嫩粟米	280 克	314 千卡
純牛奶	300 毫升	162 千卡
凍乾無花果	5 克	18 千卡
合計		**494 千卡**

粟米的香氣本身就很濃郁，用它來榨汁再合適不過，光是聞一下就能提神開胃，喝下去更是滋養身心。點綴上漂亮的無花果，給你從內而外的好氣色。

烹飪竅門

也可以先將粟米煮熟，剝下粟米粒後再放進攪拌機中攪打，兩種方法都是可以的。

開胃消食

陳皮烏梅飲

簡單 15 分鐘

主料

陳皮 ▸ 10 克

烏梅 ▸ 5 顆（約 17 克）

配料

熟普洱 ▸ 10 克

冰糖 ▸ 適量

參考熱量表

陳皮	10 克	32 千卡
烏梅	17 克	49 千卡
熟普洱	10 克	0 千卡
合計		**81 千卡**

做法

1 先將 800 毫升純淨水煮沸，將普洱茶置於飄逸杯內。

2 注入 150 毫升的熱水，瀝去茶汁倒掉，此步驟為洗茶。

3 將陳皮剪碎，烏梅剪開，放置在洗好的普洱茶上，再注入 150 毫升熱水，同樣瀝去茶汁倒掉。

4 將冰糖放在飄逸杯內洗好的茶上，用剩餘的熱水注入飄逸杯，浸泡 8 秒後按下開關，分離茶水。

5 重複此步驟，每次浸泡的時間順延 5 秒。

6 所有熱水沖泡完畢，即成為陳皮烏梅飲。

烹飪竅門

1. 先洗一遍茶，再放入陳皮和烏梅清洗，是因為普洱茶製作工藝複雜，需要清洗兩遍才能洗去雜質。
2. 這款茶也可以選擇用花茶壺來製作，普洱是一款非常耐泡耐煮的茶，經過反覆滾煮之後味道仍然醇厚。

普洱茶甘醇厚重，解油膩，滋陰養顏；陳皮和烏梅兼具開胃助消化的功效，朋友聚餐時吃得多，積食了？一杯陳皮烏梅飲就可以解決你的煩惱。

來點綠色養養眼

菠菜車厘茄飲

簡單 15 分鐘

主料

菠菜 ▸ 100 克

車厘茄 ▸ 80 克

配料

蜂蜜 ▸ 適量

鹽 ▸ 少許

參考熱量表

菠菜	100 克	28 千卡
車厘茄	80 克	20 千卡
合計		**48 千卡**

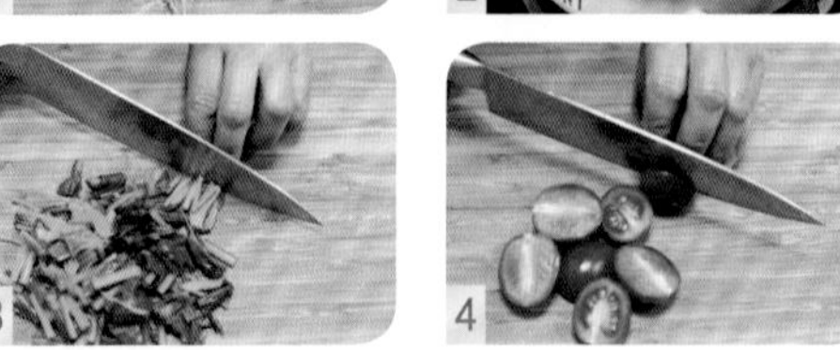

做法

1 將菠菜去掉老葉、根部，用清水沖洗乾淨。

2 起鍋加入適量水燒開，加入少許鹽，放入菠菜汆燙 30 秒，撈出瀝乾水份。

3 將汆燙好的菠菜晾涼後切成小段，備用。

4 將車厘茄洗淨，去蒂，對半切開。

5 將菠菜段、車厘茄放入攪拌機中，加入 600 毫升純淨水，攪拌 1 分鐘。

6 將攪拌機裏的果蔬汁倒入玻璃杯中，加入蜂蜜攪拌均勻即可。

烹飪竅門

這款果蔬汁具有潤腸通便的功效，如果不是十分追求口感，可以將渣滓一起飲用，也可以根據個人口味過濾後再飲用。

如果將菠菜和車厘茄分別單獨榨汁並不好喝，但是配搭在一起，再加入蜂蜜調味，卻非常美妙，彷彿置身在果園中，充滿了清新甜美的氣息。

膳食纖維的聚會

紅蘿蔔西芹蘋果汁

簡單 15 分鐘

主料

紅蘿蔔 ▸ 50 克
蘋果 ▸ 50 克
西芹 ▸ 20 克
純牛奶 ▸ 400 毫升

配料

白糖 ▸ 適量

做法

1 將紅蘿蔔洗淨，去皮後切成小塊，備用。
2 將蘋果洗淨，去皮，去核，切成小塊，備用。
3 西芹去掉老葉、根部，切成小段，備用。
4 將紅蘿蔔、蘋果、西芹放入攪拌機中，倒入純牛奶，攪打 1 分鐘。
5 將攪打好的果蔬汁倒入玻璃杯中，加入白糖調味，攪拌均勻即可。

紅蘿蔔、蘋果、西芹的果蔬芬芳與牛奶的醇香融匯在一起，帶給舌尖最溫柔甜美的享受。

參考熱量表

紅蘿蔔	50 克	16 千卡
蘋果	50 克	26 千卡
西芹	20 克	3 千卡
純牛奶	400 毫升	216 千卡
合計		**261 千卡**

烹飪竅門

蘋果是很容易氧化的水果，所以切好後的製作一定要迅速，這樣可以保證果蔬汁的口感和顏色都非常好。

營養大爆炸
維他命果蔬飲

簡單 15 分鐘

主料
青瓜 ▸ 50 克
西芹 ▸ 50 克
青甜椒 ▸ 30 克
奇異果 ▸ 30 克

配料
新鮮檸檬 ▸ 2 片
生薑 ▸ 4 片
蜂蜜 ▸ 適量

做法
1 將青瓜洗淨，去掉頭尾部分，切成小丁，備用。
2 西芹洗淨，去掉根部和老葉，切成小段，備用。
3 青甜椒洗淨，去蒂、去籽，切成小塊，備用。
4 奇異果去皮，洗淨後切成小塊，備用。
5 將青瓜、西芹、青甜椒和奇異果放入攪拌機，加入檸檬片和生薑片，再加適量蜂蜜，倒入 500 毫升純淨水，攪打 1 分鐘。
6 將攪打好的果汁過濾掉渣滓，倒入玻璃杯中，即可飲用。

參考熱量表

食材	份量	熱量
青瓜	50 克	8 千卡
西芹	50 克	8 千卡
青甜椒	30 克	5 千卡
奇異果	30 克	18 千卡
合計		**39 千卡**

奇異果多汁而酸爽，綠綠的顏色讓人一掃疲憊，加上其他富含維他命的蔬菜一起榨成果蔬汁，別提有多健康了。

烹飪竅門
有少部分人飲用果蔬汁後會出現腸胃不適，可以加入生薑中和一下果蔬汁的寒涼性質，或者用溫水攪打也可以。

酸甜芳香好顏色

雪梨香橙汁

簡單 15 分鐘

主料

甜橙 ▸ 200 克

雪梨 ▸ 150 克

配料

蜂蜜 ▸ 適量

做法

1 將甜橙去皮，取出果肉後切成小塊，備用。

2 雪梨去皮、去核，洗淨，將果肉切成小塊，備用。

3 將甜橙塊和雪梨塊放入攪拌機中，加入 600 毫升純淨水和適量蜂蜜。

4 攪打 1 分鐘，然後將果汁倒在玻璃杯中，即可飲用。

參考熱量表

甜橙	200 克	96 千卡
雪梨	150 克	118 千卡
合計		**214 千卡**

烹飪竅門

1. 這款果汁製作好後最好儘快飲用，放置時間過久會受到空氣氧化，影響果汁的光澤度和口感。
2. 如果擔心果汁寒涼而引起身體不適，可以用 35℃的溫水進行攪打。

喝下去的就是力量

活力果汁

簡單 15 分鐘

主料

西瓜 ▸ 100 克
芒果 ▸ 50 克
馬蹄 ▸ 50 克
原味酸奶 ▸ 200 毫升

配料

香草葉 ▸ 若干片

做法

1 西瓜取果肉，剔去西瓜籽，切幾片厚度約 0.2 厘米的三角形小片，貼在玻璃杯壁上。
2 芒果洗淨，去皮，去核，將果肉切成小塊。
3 將馬蹄洗淨，去皮，切成小塊。
4 將剩餘的西瓜肉、芒果和馬蹄放入攪拌機中，加入原味酸奶，攪打 1 分鐘。
5 將攪打好的果汁緩緩倒在玻璃杯中，點綴上香草葉即可。

參考熱量表

西瓜	100 克	31 千卡
芒果	50 克	18 千卡
馬蹄	50 克	30 千卡
原味酸奶	200 毫升	162 千卡
合計		**241 千卡**

充滿夏日氣息的西瓜，有着熱帶風情的芒果，配搭在一起，呈現出漂亮的顏色，讓人看着就胃口大開，最適合在炎熱的夏季飲用，解渴又開胃。

烹飪竅門

不宜選用過硬的芒果，過硬的芒果酸度太高、口感差，也難以去皮。

越豐富，越營養

雪梨益力多

簡單 15分鐘

主料

雪梨 ▸ 1個（約230克）

益力多 ▸ 500毫升

配料

苦瓜 ▸ 15克

做法

1 將雪梨洗淨，去皮，去核，切成小塊，放入碗中備用。

2 苦瓜洗淨，去皮，去掉中間的瓤和白膜，切成小塊備用。

3 將切好的雪梨和苦瓜放入攪拌機中，倒入益力多，攪打1分鐘。

4 將攪打好的果蔬汁倒入玻璃杯中，過濾掉渣滓，即可飲用。

雪梨是非常滋陰潤肺的水果，新鮮雪梨有着豐富的汁水，吃起來也是甜甜的，拿它榨汁最合適不過了，配上甜滋滋的益力多，健康又甜蜜。加一點苦瓜中和一下味道，又不擔心會甜得發膩。

參考熱量表

雪梨	230克	182千卡
益力多	500毫升	205千卡
苦瓜	15克	3千卡
合計		**390千卡**

烹飪竅門

益力多比較甜，苦瓜的加入可以很好地中口味，如果不想加入苦瓜，也可以減少益力多的用量，用相應分量的純淨水代替。

像是星星在眨眼

番石榴火龍果汁

簡單 15分鐘

主料

番石榴 ▸ 100克
紅心火龍果 ▸ 1個（約400克）

配料

蜂蜜 ▸ 適量
薄荷葉 ▸ 2片

做法

1 將番石榴洗淨，去皮，去籽，果肉切成小塊。
2 紅心火龍果去皮，將果肉切小塊，放入碗中，備用。
3 將番石榴和紅心火龍果放入攪拌機中，加入蜂蜜，倒入500毫升純淨水，攪打1分鐘。
4 將攪打好的果汁倒入玻璃杯中，點綴放上薄荷葉，即可飲用。

參考熱量表

番石榴	100克	53千卡
紅心火龍果	400克	240千卡
合計		**293千卡**

烹飪竅門

這款果汁如果是在夏天飲用，可以在攪打之前加入冰塊，口感冰冰涼涼，更加清爽。

火龍果富含膳食纖維，口感酸甜，用它做出來的果汁顏色豔麗，最適宜春天飲用，一口下去，有種春風拂面的感覺。

走的就是清淡風

蘆薈檸檬汁

簡單 10分鐘

主料

可食用蘆薈 ▸ 2根（約100克）
檸檬 ▸ 半個（約25克）

配料

方糖 ▸ 2塊（約10克）

參考熱量表

可食用蘆薈	100克	24千卡
檸檬	25克	9千卡
方糖	10克	40千卡
合計		**73千卡**

做法

1 將蘆薈洗淨，去皮，取出果肉。
2 鍋中加適量清水燒開，下入蘆薈果肉進行汆燙，30秒後立即撈出。
3 將燙好的蘆薈果肉瀝乾水份，切成小塊，備用。
4 在玻璃杯中加入方糖，沖入400毫升溫開水，攪拌均勻。
5 接着加入切好的蘆薈果肉。
6 最後借助榨汁器向玻璃杯內擠入檸檬汁，用長匙攪拌均勻即可飲用。

烹飪竅門

蘆薈果肉表面有很多黏液，用熱水汆燙一下可以去掉這些黏液，同時也可以去除蘆薈果肉的苦澀。

蘆薈清涼去火，檸檬酸爽清新，配搭甘甜的蜂蜜，春夏飲用最為適宜。

四季皆宜

百香青檸雪梨汁

簡單 15 分鐘

主料

百香果 ▸ 1 個（約 100 克）
青檸檬 ▸ 1/2 個（約 25 克）
雪梨 ▸ 半個（約 100 克）

配料

方糖 ▸ 1 塊（約 5 克）

做法

1 雪梨洗淨，去皮、去核，切成半圓形的薄片。
2 青檸檬洗淨，切成薄片。
3 百香果洗淨，切開，將果肉挖出，倒入杯中。
4 把切好的雪梨片和檸檬片放入杯中。
5 加入方糖，沖入 600 毫升煮沸的純淨水。
6 用長匙攪拌均勻，浸泡 5 分鐘後即可飲用。

青檸檬是檸檬的一種，它含有豐富的維他命 C，能夠止咳化痰，經常食用可以增強免疫力。用它來做一壺果汁，熱飲飄香，凍飲激爽，一年四季都可以喝，有誰能不愛呢？

參考熱量表

百香果	100 克	66 千卡
青檸檬	25 克	9 千卡
雪梨	100 克	79 千卡
方糖	5 克	20 千卡
合計		**174 千卡**

烹飪竅門

夏天，將果汁放涼後入冰箱中冷藏 2 小時即成為凍飲，也可以提前一晚做好以備第二天飲用。

帶你走進森林

牛油果酸奶汁

簡單 15 分鐘

主料

香蕉 ▸ 1 根（約 120 克）
牛油果 ▸ 半個（約 50 克）
原味酸奶 ▸ 300 毫升

配料

核桃仁 ▸ 5 克

做法

1 牛油果從中間切開，去除果核，取一半使用，另一半用保鮮紙包好，冷藏保存。
2 用小刀在果肉上劃出格狀紋路，儘量不要劃破果皮。
3 用匙子緊貼果皮，將果肉取出，直接放入攪拌機中。
4 香蕉剝皮，切成小片，放入攪拌機中。
5 然後倒入酸奶，攪打 1 分鐘。
6 將攪打好的牛油果酸奶汁倒在玻璃杯中，點綴放上核桃仁即可。

參考熱量表

香蕉	120 克	112 千卡
牛油果	50 克	86 千卡
原味酸奶	300 毫升	243 千卡
核桃仁	5 克	32 千卡
合計		**473 千卡**

牛油果被稱為「森林奶油」，再配搭上口感也像奶油的香蕉，淡綠的色澤讓人彷彿置身於森林中，身心都感到舒適和愜意，一杯下去，情緒得到舒緩，疲憊一掃而光。

烹飪竅門

製作這款果汁時，因為香蕉氧化速度極快，所以先處理牛油果，同時果汁製作好後儘快飲用。

主編
薩巴廚房

責任編輯
Catherine Tam、Wing Li

封面設計
Chan Chui Yin

美術設計
Carol Fung

排版
辛紅梅　劉葉青

出版者
萬里機構出版有限公司
香港鰂魚涌英皇道1065號東達中心1305室
電話：2564 7511
傳真：2565 5539
電郵：info@wanlibk.com
網址：http://www.wanlibk.com
http://www.facebook.com/wanlibk

發行者
香港聯合書刊物流有限公司
香港新界大埔汀麗路36號
中華商務印刷大廈3字樓
電話：2150 2100
傳真：2407 3062
電郵：info@suplogistics.com.hk

承印者
中華商務彩色印刷有限公司
香港新界大埔汀麗路36號

出版日期
二零一九年九月第一次印刷

ISBN 978-962-14-7097-3